油砂勘探开采技术及其应用

单玄龙 等 编著

东华大学出版社
·上海·

内 容 提 要

本书在全球油砂资源分布特征及油砂勘探开发技术分析的基础上,根据我国油砂矿藏的实际地质条件,提出了适合我国油砂勘探的技术方法系列,包括油砂野外地质调查方法、油砂化探技术、油砂物探技术、油砂钻井勘探技术、油砂分析测试技术及油砂资源评价方法。本书总结了油砂开采的技术方法系列,包括露天开采、巷道开采、携砂冷采、蒸汽吞吐、火烧油层、蒸汽辅助重力驱(SAGD)及蒸汽浸提法(VAPEX),并通过典型案例分析,分析这些技术方法在我国松辽盆地、准噶尔盆地以及加拿大艾伯塔盆地进行勘探开采实践中的应用。

本书可用作高等院校矿产普查与勘探专业研究生教材,同时也可供从事能源相关研究和生产的工作人员参考。

图书在版编目(CIP)数据

油砂勘探开采技术及其应用/单玄龙 等 编著.—上海:东华大学出版社,2015.8

ISBN 978-7-5669-0824-7

Ⅰ.①油… Ⅱ.①单… Ⅲ.①油砂—勘探 Ⅳ.①TE343

中国版本图书馆 CIP 数据核字(2015)第 158309 号

责任编辑:曹晓虹

文字编辑:库东方

封面设计:姚大斌

油砂勘探开采技术及其应用

单玄龙 等 编著

出 版 发 行:东华大学出版社(上海市延安西路 1882 号邮政编码:200051)

联 系 电 话:编辑部 021—62379902

　　　　　　发行部 021—62193056　62373056

网　　　　址:http://www.dhupress.net

天猫旗舰店:http://dhdx.tmall.com

经　　　销:新华书店上海发行所发行

印　　　刷:深圳市彩之欣印刷有限公司

开　　　本:710 mm×1 000 mm　1/16

印　　　张:13

字　　　数:357 千字

版　　　次:2015 年 8 月第 1 版

印　　　次:2015 年 8 月第 1 次印刷

ISBN 978-7-5669-0824-7/TE·001　　　定价:57.90 元

前　言

非 常规油气资源已经成为全球能源的重要组成部分,其包括油砂、
重油、油页岩、煤层气、页岩气和致密气。本书针对油砂资源,其
定义目前没有统一的标准,不同机构或国家的定义标准差别很大。鉴于
此,本书重新厘定了油砂的定义。

油砂又称沥青砂,是一种含有天然沥青的砂岩或其他岩石,通常是
由砂、沥青、矿物质、黏土和水组成的混合物。不同地区油砂矿的组成不
同,一般沥青含量为 3%～20%,砂和黏土含量占 80%～85%,水占
3%～6%。油砂油比一般原油的黏度高,由于流动性差,需经稀释后,才
能通过输油管线输送。油砂沥青是指从油砂矿中开采出来的或直接从
油砂中初次提炼出的尚未加工处理的石油。

不同的国家对油砂资源有不同的分类标准。美国等西方国家把油
藏条件下黏度大于 10 000 mPa·s 的石油称之为焦油砂或天然沥青。
当无黏度参数值可参照时,把比重大于 1.00 作为划分焦油砂的指标。
前苏联对稠油和天然沥青的定义和研究则自成体系,把黏度为 50～
2 000 mPa·s、比重为 0.935～0.965、油质含量大于 65% 的原油称之为
高粘油。高于上述界限值的均称之为各类沥青(软沥青、地沥青、硫沥青
等)。美国定义的重质油应包含前苏联定义的高粘油和部分软沥青;联
合国训练研究署推荐的统一定义是:油层温度条件下,粘度大于 1.0×10^4 mPa·s 的称之为沥青。比重小于 10°API(相对密度大于 1.0)的称

之为超重油。本书以黏度值作为分类的第一指标,把比重作为划分的第二指标,即油藏条件下,黏度大于10 000 mPa·s的石油称之为油砂,当没有黏度数据时,比重小于10°API为油砂。

油砂矿藏与常规油气藏存在相似之处,同时差异明显,比如埋藏深度浅,甚至露出地表;原油黏度高,流动性差,是指不能流动;部分储层疏松。这反映油砂成藏与常规油气成藏存在较大差异。因此,油砂的勘探与开采不能完全按照常规油气的方法。本书针对这一特点,在全球油砂资源分布特征及油砂勘探开发技术分析的基础上,根据我国油砂矿藏的实际地质条件,提出了适合我国油砂勘探的技术方法系列,包括油砂野外地质调查方法、油砂化探技术、油砂物探技术、油砂钻井勘探技术、油砂分析测技术及油砂资源评价方法。总结了油砂开采的技术方法系列,包括露天开采、巷道开采、携砂冷采、蒸汽吞吐、火烧油层、蒸汽辅助重力驱(SAGD)及蒸汽浸提法(VAPEX),并通过典型案例分析,分析这些技术方法在我国松辽盆地、准噶尔盆地以及加拿大艾伯塔盆地进行勘探开采实践中的应用。

本书的研究工作得到了《全国油砂成矿远景与选区研究》(1212011220794)项目、《我国西北地区油砂资源成藏潜力研究》(1211302108025-4、1211302108025-6)项目、国家科技重大专项《大型油气田及煤层气开发》子课题《全球重点地区非常规油气资源潜力分析与未来》(2011ZX05028-002)以及《油气资源评价—全球油气资源评价与利用研究》项目子课题《全球非常规油气资源评价技术与有利区优选》(2013E-050102)资助,并得到了中国地质调查局油气中心、中国石油和吉林中财石油开发有限公司的大力支持。在此对上述单位及相关人员表示衷心的感谢!

作　者
2015年3月

CONTENTS
目　录

THE FIRST CHAPTER

第一章

全球油砂资源分布

狭 义油砂定义至少有两种：一是油和砂的混合物；二是特指该种混合物中的原油，当表示这种含义时，油砂和天然沥青是等同的。国外也有把其称作为焦油砂或者沥青砂。国际上也有按照物理特性定义的，比如美国地质调查局（USGS）和美国石油地质学家学会（AAPG）定义为 API（15.6℃条件下）小于 10°的原油，油层条件下黏度大于 10 000 mPa·s。本书的定义为油砂是一种存在于地表或近地表的，由砂、沥青及富含黏土和水的矿物及少量杂质组成的天然有机矿产；其中沥青含量大于 3.5%，且沥青黏度大于 1.0×10^4 mPa·s（或相对密度大于 1.00），在油层温度条件下不能流动。目前，对油砂资源的研究和开发，世界各地均在加速进行，其占全球烃类能源的比重也在不断增大。根据美国地质调查局（USGS）的研究，世界上油砂可采资源量约为 6 510（103.51×10^9 m³）亿桶，约占世界石油资源可采总量的 32%。本章通过大量数据统计，说明全球油砂的资源分布特征和油砂的资源量。

第一节 全球油砂资源总体分布特征

全球油砂资源分布很不均衡，油砂主要分布在北美洲、前苏联、拉丁美洲和加勒比海地区（图 1.1）。西半球油砂技术可采资源量占全球 82%（表 1.1）。世界上油砂丰富的国家有：加拿大、前苏联、委内瑞拉、尼日利亚和美国。其中加拿大居首位，地质资源量为 $2\,592 \times 10^8$ m³，占总量的 84%，前苏联地区位居第二，约 301×10^8 m³，占总量的 10%，接下来就是美国、委内瑞拉和尼日利亚，分别为 80×10^8 m³、68×10^8 m³ 和 44×10^8 m³（图 1.2），分别占总量的 3%、2% 和 1%。

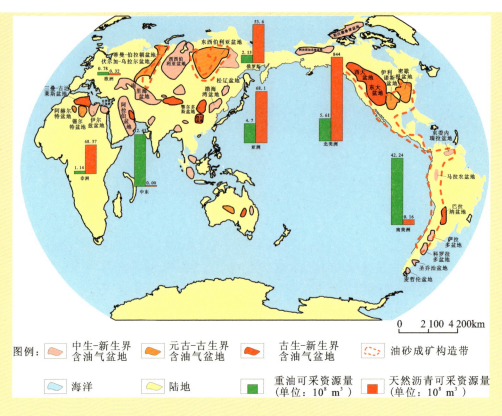

图例：
中生-新生界含油气盆地　元古-古生界含油气盆地　古生-新生界含油气盆地　油砂成矿构造带

海洋　陆地　重油可采资源量（单位：$10^8 \ m^3$）　天然沥青可采资源量（单位：$10^8 \ m^3$）

图 1.1　全球油砂资源分布图（未查到具体引用）

表 1.1　世界油砂资源分布表

地区	重油		天然沥青	
	可采系数	可采资源量(BBO)	可采系数	可采资源量($10^9 \ m^3$)
北美洲	0.19	35.3	0.32	84.4
南美洲	0.13	265.7	0.09	0.015 9
西半球	0.13	301.0	0.32	84.42
非　洲	0.18	7.2	0.10	6.837
欧　洲	0.15	4.9	0.14	0.031 8
中　东	0.12	78.2	0.10	
亚　洲	0.14	29.6	0.16	6.81
俄罗斯	0.13	13.4	0.13	5.36
东半球	0.13	133.3	0.13	19.09
全世界		434.3		103.51

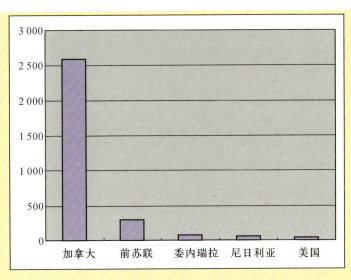

图 1.2　世界油砂地质资源分布直方图(储量单位:10⁸ m³)

第二节　全球不同地区油砂资源分布

一、北美地区油砂资源分布

北美地区目前据统计有 41 个油砂盆地(表 1.2),油砂地质资源量为 3 916×10⁸ t,可采资源量为 394×10⁸ t。油砂资源分布极其不均,主要分布在阿尔伯达盆地、北坡盆地、尤因塔盆地、帕拉多盆地、黑勇士盆地、南得克萨斯盐丘和阿纳达科盆地,这七个盆地油砂地质资源量占北美地区的 99.7%,可采资源量占北美地区的 99.7%。其油砂盆地类型多样,以克拉通边缘盆地、封闭式聚敛板块边缘盆地和聚敛边缘裂谷盆地为主。油砂成矿模式与盆地类型密切相关,盆地类型多样导致油砂成矿模式也多样化,其中斜坡降解型成矿模式为该地区油砂成矿主导模式,其他成矿模式形成的油砂矿仅局部发育。

表 1.2　北美地区油砂盆地资源量统计表

盆地名称	成矿模式	地质资源量 (×10⁸ t)	可采资源量 (×10⁸ t)	可采系数(%)
阿尔伯达盆地	斜坡降解型	3 825	383	10
北坡盆地	古油藏破坏型	30.21	3.93	13

盆地名称	成矿模式	地质资源量（×10^8 t）	可采资源量（×10^8 t）	可采系数（%）
尤因塔盆地	斜坡降解型、构造抬升型	18.60	1.86	10
帕拉多盆地	斜坡降解型	10.52	1.39	13.2
黑勇士盆地		10.11	1.01	10
南得克萨斯盐丘		7.76	1.01	13
阿纳达科盆地	斜坡降解型、构造抬升型	6.10	0.61	10
圣玛利亚盆地	断裂疏导型、斜坡降解型	3.23	0.65	20
伊利诺伊盆地	古油藏破坏型	1.41	0.14	10
文图拉盆地	断裂疏导型	0.802 869	0.160 574	20
佛罗里达-巴哈马盆地		0.758 354	0.043 226	5.7
斯沃德鲁普盆地		0.500 800	0.065 104	13
粉河盆地	古油藏破坏型	0.230 527	0.023 053	10
中央海岸盆地		0.151 194	0.030 239	20
坎佩切盆地		0.095 072	0.012 359	13
风河盆地	斜坡降解型、构造抬升型	0.071 543	0.007 154	10
密西西比盐丘		0.039 428	0.005 126	13
沃斯堡盆地	古油藏破坏型	0.017 488	0.001 749	10
西部逆冲带		0.005 564	0.000 556	10
东德克萨斯		0.000 874	0.000 114	13
圣华金盆地	斜坡降解型	0.000 351	0.000 070	20
洛杉矶盆地	断裂疏导型、斜坡降解型	0.000 227	0.000 045	20
二叠盆地		0.000 183	0.000 018	10
墨西哥湾盆地	斜坡降解型			
阿巴拉契亚盆地	斜坡降解型、构造抬升型			
总计		3 916	394	

二、欧亚地区

欧亚地区共有 32 个含油砂盆地(表 1.3),其油砂总地质资源量为 4890×10^8 t,可采资源量为 523×10^8 t。可细划分为俄罗斯、高加索地区、中东、亚洲其他地区和欧洲其他地区。俄罗斯地区包含 13 个含油砂盆地:东西伯利亚盆地、伏尔加-乌拉尔盆地、蒂曼-伯朝拉盆地、阿纳德尔盆地、北萨哈林盆地、上扬斯克盆地、贝加尔盆地、伊尔库茨克盆地、库兹涅茨盆地、米努辛斯克盆地、坎斯克盆地、拉普捷夫海盆地、阿姆尔(卡拉库姆)盆地和费尔干纳盆地,油砂地质资源量为 4156×10^8 t,可采资源量为 417×10^8 t。高加索地区包含 4 个含油砂盆地:北里海盆地、南里海盆地、北高加索-曼格什拉克盆地和阿姆尔盆地,油砂地质资源量为 683×10^8 t,可采资源量为 90×10^8 t。欧洲其他地区包含 9 个油砂盆地:北北海盆地、卡尔塔尼塞塔盆地、西设得兰盆地、南亚得里亚盆地、波盆地、喀尔巴阡盆地、磨拉石盆地、塔兰托盆地和德国西北部,油砂地质资源量为 26.57×10^8 t,可采资源量为 8.02×10^8 t。亚洲其他地区包含 4 个油砂盆地:渤海湾盆地、波尼盆地、准噶尔盆地和塔里木盆地,油砂地质资源量为 23.74×10^8 t,可采资源量为 8.08×10^8 t。

由此可见,欧亚地区油砂资源集中分布在俄罗斯和高加索地区,其中俄罗斯油砂资源主要聚集在东西伯利亚盆地(西伯利亚地台周缘山系成矿构造带)和伏尔加-乌拉尔盆地(乌拉尔山前成矿构造带),这两个地区所所蕴含的油砂资源占整个欧亚地区的 93.2%。

表 1.3 欧亚地区油砂盆地资源量统计表

盆地名称	成矿模式	地质资源量 ($\times 10^8$ t)	可采资源量 ($\times 10^8$ t)	可采系数(%)
东西伯利亚盆地	古油藏破坏型、斜坡降解型	3 669	367	10
滨里海盆地	构造抬升型、古油藏破坏型	669	87	13
伏尔加-乌拉尔盆地	斜坡降解型	452	45	10
蒂曼-伯朝拉盆地	斜坡降解型	34.98	4.62	13.2
北北海盆地		17.33	6.93	40
南里海盆地	断裂疏导型、古油藏破坏型	14.05	2.81	20
渤海湾盆地		12.13	4.85	40
波尼盆地	断裂疏导型	7.09	1.42	20
卡尔塔尼塞塔盆地		6.41	0.83	13

盆地名称	成矿模式	地质资源量（$\times 10^8$ t）	可采资源量（$\times 10^8$ t）	可采系数（%）
准噶尔盆地		2.53	1.01	40
塔里木盆地		1.99	0.79	40
西设得兰盆地		1.59	0.09	5.7
南亚得里亚盆地		0.810 818	0.105 406	13
波盆地		0.402 230	0.052 290	13
北高加索-曼格什拉克盆地		0.095 390	0.012 401	13
阿姆尔盆地		0.048 808	0.009 762	20
阿纳德尔盆地	断裂疏导型	0.033 387	0.006 677	20
喀尔巴阡盆地		0.019 078	0.002 480	13
磨拉石盆地		0.015 898	0.002 067	13
北萨哈林盆地	断裂疏导型	0.004 006	0.000 801	20
总计		4 890	523	

三、南美地区

南美地区共有4个含油砂盆地：马拉开波盆地、纳波/普图马约盆地、巴里纳斯-阿普雷盆地和中马格达莱纳盆地，油砂地质资源量为271×10^8 t，可采资源量为54.1×10^8 t（表1.4）。油砂资源分布极其不均，集中分布在马拉开波盆地，该盆地油砂地质资源量占整个南美洲地区的99.3%。

表1.4　南美地区油砂盆地资源量统计表

盆地名称	成矿模式	地质资源量（$\times 10^8$ t）	可采资源量（$\times 10^8$ t）	可采系数（%）
马拉开波盆地	断裂疏导型	269	54	20
纳波/普图马约盆地	斜坡降解型、构造抬升型	1.86	0.19	10
巴里纳斯-阿普雷盆地		0.604 139	0.060 414	10
中马格达莱纳盆地	断裂疏导型			
总计		271	54	

四、非洲地区

非洲地区共含 7 个含油砂盆地：加纳盆地、宽扎盆地、木论达瓦盆地、苏伊士湾盆地、卡宾达盆地、死海地堑和毛里求斯-塞舌尔盆地，油砂地质资源量 73.16×10^8 t，可采资源量 4.44×10^8 t（表 1.5），油砂资源有限，这与该地区区域背景相关。该地区大部分盆地都为裂谷盆地，断裂发育，油砂矿在断裂带浅部位局部发育。

表 1.5 非洲地区油砂盆地资源量统计表

盆地名称	成矿模式	地质资源量（$\times 10^8$ t）	可采资源量（$\times 10^8$ t）	可采系数（%）
加纳盆地		60.89	3.47	5.7
宽扎盆地		7.39	0.42	5.7
木论达瓦盆地	古油藏破坏型	3.51	0.20	5.7
苏伊士湾盆地	断裂疏导型	0.794 920	0.317 968	40
卡宾达盆地		0.577 112	0.032 895	5.7
死海地堑		0.002 385	0.000 310	13
总计		73.16	4.44	

五、不同地区资源量对比

全球油砂资源评价项目共估算了 52 个盆地的油砂地质资源量和可采资源量，其中阿尔伯达盆地、东西伯利亚盆地、滨里海盆地、伏尔加-乌拉尔盆地、马拉开波盆地等 14 个油砂地质资源量大于 10×10^8 t。这 14 个盆地油砂地质资源量合计 $9\,093 \times 10^8$ t，占全球的 99.4%；可采资源量合计为 967×10^8 t，占全球的 99.2%（表 1.6）。其中，地质资源量大于 1×10^8 t 而小于 10×10^8 t 的油砂盆地共有 12 个，地质资源量合计为 50.87×10^8 t，可采资源量 6.35×10^8 t。油砂资源小于 1×10^8 t 的盆地共有 26 个，地质资源量合计为 6.08×10^8 t，可采资源量 0.95×10^8 t。

表 1.6 全球油砂盆地资源分布数据表

序列	国家	盆地名称	地质资源量（$\times 10^8$ t）	可采资源量（$\times 10^8$ t）
1	加拿大	阿尔伯达盆地	3 825	383
2	俄罗斯	东西伯利亚盆地	3 669	367

序列	国家	盆地名称	地质资源量 ($\times 10^8$ t)	可采资源量 ($\times 10^8$ t)
3	俄罗斯、哈萨克斯坦	滨里海盆地	669	87.0
4	俄罗斯	伏尔加-乌拉尔盆地	452	45.2
5	委内瑞拉、哥伦比亚	马拉开波盆地	269	53.8
6	加纳、尼日利亚	加纳盆地	60.89	3.47
7	俄罗斯	蒂曼-伯朝拉盆地	34.98	4.62
8	美国	北坡盆地	30.21	3.93
9	美国	尤因塔盆地	18.60	1.86
10	挪威、英国	北北海盆地	17.33	6.93
11	阿塞拜疆	南里海盆地	14.05	2.81
12	中国	渤海湾盆地	12.13	4.85
13	美国	帕拉多盆地	10.52	1.39
14	美国	黑勇士盆地	10.11	1.01
15	美国	南德克萨斯盐丘	7.76	1.01
16	安哥拉	宽扎盆地	7.39	0.42
17	印度尼西亚	波尼盆地	7.09	1.42
18	意大利、马耳他	卡尔塔尼塞塔盆地	6.41	0.83
19	美国	阿纳达科盆地	6.10	0.61
20	马达加斯加	木论达瓦盆地	3.51	0.20
21	美国	圣玛利亚盆地	3.23	0.65
22	中国	准噶尔盆地	2.53	1.01
23	中国	塔里木盆地	1.99	0.79
24	哥伦比亚、厄瓜多尔	纳波/普图马约盆地	1.86	0.19
25	英国	西设得兰盆地	1.59	0.09
26	美国	伊利诺伊盆地	1.41	0.14
27	意大利	南亚得里亚盆地	0.810 818	0.105 406
28	美国	文图拉盆地	0.802 869	0.160 574

序列	国家	盆地名称	地质资源量 (×10⁸ t)	可采资源量 (×10⁸ t)
29	埃及	苏伊士湾盆地	0.794 920	0.317 968
30	古巴、美国	佛罗里达-巴哈马盆地	0.758 354	0.043 226
31	委内瑞拉、哥伦比亚	巴里纳斯-阿普雷盆地	0.604 139	0.060 414
32	安哥拉、刚果	卡宾达盆地	0.577 112	0.032 895
33	加拿大	斯沃德鲁普盆地	0.500 800	0.065 104
34	意大利	波盆地	0.402 230	0.052 290
35	美国	粉河盆地	0.230 527	0.023 053
36	美国	中央海岸盆地	0.151 194	0.030 239
37	俄罗斯	北高加索-曼格什拉克盆地	0.095 390	0.012 401
38	墨西哥	坎佩切盆地	0.095 072	0.012 359
39	美国	风河盆地	0.071 543	0.007 154
40	格鲁吉亚	阿姆尔盆地	0.048 808	0.009 762
41	美国	密西西比盐丘	0.039 428	0.005 126
42	俄罗斯	阿纳德尔盆地	0.033 387	0.006 677
43	奥地利、捷克、波兰、乌克兰	喀尔巴阡盆地	0.019 078	0.002 480
44	美国	沃斯堡盆地	0.017 488	0.001 749
45	奥地利、德国、意大利、瑞士	磨拉石盆地	0.015 898	0.002 067
46	美国	西部逆冲带	0.005 564	0.000 556
47	俄罗斯	北萨哈林盆地	0.004 006	0.000 801
48	以色列、约旦	死海地堑	0.002 385	0.000 310
49	美国	东德克萨斯盆地	0.000 874	0.000 114
50	美国	圣华金盆地	0.000 351	0.000 070
51	美国	洛杉矶盆地	0.000 227	0.000 045
52	美国	二叠盆地	0.000 183	0.000 018
		共计	9 150	975

第三节 全球油砂成矿带分布特征

一、全球油砂层系分布

因资料限制,本书仅在阿尔伯达盆地、东西伯利亚盆地、滨里海盆地、伏尔加-乌拉尔盆地、马拉开波盆地、蒂曼—伯朝拉盆地、北坡盆地、尤因塔盆地和南里海资源量的基础上统计各层系油砂分布情况。

由表1.7可以看出,油砂资源层系分布不均衡,集中分布在新生界、中生界和下古生界至元古界。油砂资源的分布特点也因地而异,油砂资源在各个层系都有分布,南北美洲油砂资源集中分布在中生界(如阿尔伯达盆地白垩系矿层)、新生界(马拉开波盆地和尤因塔盆地古近系矿层)中。俄罗斯地区油砂资源集中分布在上古生界二叠系、下古生界寒武系至前寒武系中。

表 1.7 含油砂层系资源分布数据表

层系	地 质		可 采	
	资源量($\times 10^8$ t)	比例(%)	资源量($\times 10^8$ t)	比例(%)
新生界	331.86	3.63	62.4	6.40
中生界	4 494	49.11	470	48.21
上古生界	486.98	5.32	49.82	5.11
下古生界至元古界	3 669	40.10	367	37.64
总计	8 982	98.16	949	97.36

二、全球油砂有利含矿带

从构造区带划分来看,全球油砂资源集中分布在三大成矿带:科迪勒拉山前成矿带、乌拉尔山前成矿带和西伯利亚地台周缘山系成矿带。这三大成矿构造带地质资源量为 $9\,012 \times 10^8$ t,占全球的 98.5%;可采资源量为 951×10^8 t,占全球的 97.5%(表1.8)。

表 1.8 油砂成矿构造带资源分布数据表

成矿构造带	盆地名称	地质资源量 （×10⁸ t）	可采资源量 （×10⁸ t）
科迪勒拉山前 成矿带	阿尔伯达盆地	3 825	383
	马拉开波盆地	269	53.8
	北坡盆地	30.21	3.93
	尤因塔盆地	18.60	1.86
	帕拉多盆地	10.52	1.39
	黑勇士盆地	10.11	1.01
	南得克萨斯盐丘	7.76	1.01
	阿纳达科盆地	6.10	0.61
	圣玛利亚盆地	3.23	0.65
	纳波/普图马约盆地	1.86	0.19
	伊利诺伊盆地	1.41	0.14
	文图拉盆地	0.802 869	0.160 574
	佛罗里达-巴哈马盆地	0.758 354	0.043 226
	巴里纳斯-阿普雷	0.604 139	0.060 414
	斯沃德鲁普盆地	0.500 800	0.065 104
	粉河盆地	0.230 527	0.023 053
	中央海岸盆地	0.151 194	0.030 239
	坎佩切盆地	0.095 072	0.012 359
	风河盆地	0.071 543	0.007 154
	密西西比盐丘	0.039 428	0.005 126
	沃斯堡盆地	0.017 488	0.001 749
	西部逆冲带	0.005 564	0.000 556
	东德克萨斯	0.000 874	0.000 114
	圣华金盆地	0.000 351	0.000 070
	洛杉矶盆地	0.000 227	0.000 045
	二叠盆地	0.000 183	0.000 018

成矿构造带	盆地名称	地质资源量 （×10⁸ t）	可采资源量 （×10⁸ t）
科迪勒拉山前 成矿带	墨西哥湾盆地、密歇根盆地、辛辛那提隆起、阿巴拉契亚盆地、大角盆地、绿河盆地、皮申斯盆地、圣胡安盆地、黑梅萨盆地、阿科马盆地、舒马金盆地、沃谢基盆地、沃希托盆地、帕洛杜罗盆地、坦皮科盆地、库克湾盆地、YUKON-KANDIK、阿拉斯加湾盆地、中马格达莱纳盆地		
	小计	4 187	447
西伯利亚地台周缘 山系成矿带	东西伯利亚盆地	3 669	367
	小计	3 669	367
乌拉尔山前成矿带	滨里海盆地	669	87.0
	伏尔加-乌拉尔盆地	452	45.2
	蒂曼-伯朝拉盆地	34.98	4.62
	小计	1,156	137
总计		9 012	951

第四节 油砂形成的地质特征

大量研究表明,油砂矿与常规油气具有共生或过渡的关系,油砂资源丰富的盆地也是常规油气资源丰富的盆地,诸如阿尔伯达盆地、伏尔加-乌拉尔盆地和东委内瑞拉盆地等等。石油地质工作者一致认为,石油进入储层之后要发生运移、稠变。整个稠变过程实质上是一个由深层向浅层,由与地表水不连通的系统到与地表水连通系统周期性运移的过程。这一过程表现为运移、聚集、再运移、再聚集……石油随之变得愈来愈重、愈稠,甚至最终成为油砂或固体沥青。因此,地质学家们将石油经过初次运移进入储层以及之后的各个阶段,使其变稠、变重的各种作用统称为稠变作用。而每一个阶段的稠变作用既有其独特性又有其共性,油砂矿与常规油藏一样可分为两个阶段——运移阶段和油藏形成阶段。无论在哪个阶段,油砂矿形成的稠变作用的主要因素包括生物降解、轻烃挥发、水洗、游离氧氧化等冷变质作用,这些作用造成了油质中极性杂原子重组分——胶质、沥青质的富集。

阿尔伯达盆地和尤因塔盆地同属早期的克拉通边缘盆地,白垩纪以来逐渐演化为前陆盆地,油砂富集在前陆盆地缓坡斜坡带高部位,前陆盆地演化与太平洋板块向东俯冲形成的科迪勒拉—安第斯山系具有成因联系。

阿尔伯达盆地的油砂资源主要赋存在阿萨巴斯卡(含瓦巴斯卡)油砂矿、冷湖油砂矿、皮斯河油砂矿的下白垩统 Mannville 群矿层中。该矿层向西以不整合的方式覆于泥盆系、石炭系和二叠系之上。阿尔伯达盆地西侧的落基山脉,由于受太平洋板块向东俯冲于北美板块之下所产生的近东西向的挤压作用,使得阿尔伯达盆地东北部的下白垩统 Mannville 群及其等效地层从未深埋过,几乎没有发生成岩作用,原生孔隙得以保存,矿层物性极好;与此同时盆地西部泥盆系至中侏罗统的烃源岩层系埋深增加,进入生油窗,生成并排出大量的油气,这些油气通过不整合面、渗透性砂岩体自西向东、向隆起区斜坡带进行长距离运移,运移至 Mannville 群及其等效地层中,由于埋深浅,处于氧化环境,运移至此的油气随后遭受氧化、生物降解形成油砂。

尤因塔盆地的油砂资源主要赋存在沥青山、阳光带和 P. R. 泉油砂矿的古近系砂岩矿层中,油气进入盆地边缘的多孔圈闭中成藏,经过水解作用和生物降解形成油砂矿。10 Ma 以来,尤因塔盆地的整体抬升,特别是盆地南部安肯帕格里隆起的隆升,使其上覆地层遭受剥蚀,形成油砂区沟谷遍布的地形,促进了油砂矿的形成。

伏尔加-乌拉尔盆地属于早期的克拉通边缘盆地,二叠纪以来,乌拉尔山隆起,伏尔加-乌拉尔盆地演化为前陆盆地,盆地内前渊坳陷中的烃源岩埋深迅速增加,油气生成、运移达到顶峰。其中运移至前缘隆起带上的部分油气(诸如卡马隆起、南北鞑靼隆起及日古列夫-普加乔夫隆起),因上覆盖层封闭性较差,处于氧化环境,遭受氧化、生物降解作用,发生稠化形成油砂。

东西伯利亚盆地属于早期的克拉通边缘盆地,其油砂资源的形成与东西伯利亚周缘山系的形成相关,油砂主要富集在前缘隆起带上,如阿纳巴尔、涅普-博图奥滨和阿尔丹隆起区,继白垩纪反转之后,盆地基底隆升,上覆沉积盖层遭受强烈剥蚀,二叠系广泛出露,其残余厚度约为 30～300 m,先前已形成的古油藏抬升导致了烃类的生物降解和氧化,形成了累积面积达 1 000 km² 的油砂分布区。

以上所述盆地都是前期为克拉通边缘盆地或者聚敛板块边缘盆地,后期演化为前陆盆地,大型油砂矿的形成包括构造条件、沉积条件、烃源岩条件和圈闭条件。

一、构造条件

油砂资源的形成与盆地的构造演化密切相关,富含油砂的盆地一般都是构造演化相对较为复杂的盆地。尤其是大型油砂矿,诸如阿尔伯达盆地、东委内瑞拉盆地和伏尔加-乌拉尔盆地等,前期为克拉通边缘盆地或者聚敛板块边缘盆地,后期演化为前陆盆地的构造格局。前陆盆地构造演化是控制油砂矿形成的主要因素,因为它在很大程度上决定了盆地最终的格局并控制油砂矿藏的分布,破坏先前形成的油气聚集,造成油气重新分布,运移至近地表,导致各种程度的生物降解和氧化。

后期构造运动的发生恰恰为油气进入连通(氧化)系统提供了动力。即只有在油气生成、聚集之后发生的构造运动,才能为原始聚集的常规油进入连通系统创造条件。如产生开启断层、不整合面以及开启储层等。同时,构造运动的方式又必须在连通系统内创造较好的或一定封盖条件,使油气在连通系统内不会迅速散失,能够有相当数量的油气聚集。从而既遭受运移期又遭受油藏期的稠变作用,为形成相当规模的重油和油砂奠定基础。后期构造运动的次数愈多、构造运动的强度愈大,原油遭受的稠变作用愈强。而且,运动的方式愈适宜封盖条件的创造,连通系统内稠油油砂的形成量与聚集量就愈大。

二、沉积条件

阿尔伯达盆地下白垩统 Mannville 群 Wabiskaw-McMurray 组河道相砂岩、Clearwater 组三角洲前缘和浅海相砂岩、Grand Rapids 组海岸平原相到浅海相砂岩和 Bluesky-Gething 组河流相砂岩,大多数埋深浅、未固结、未压实,基本未遭受断裂破坏,储层孔渗性好、连通性好。油砂含量极为依赖沉积相。河流相为主的储层,粗粒、泥质含量低,沥青含量最高;而远端滨外相储层,粒度细、泥质含量高,沥青含量最低。

东委内瑞拉盆地渐新统-中新统 La Pascua、Roblecito、Merecure 组、奥菲西纳组和 Chaguaramas 组由河流相和三角洲相未胶结松散的细粒至粗粒石英砂屑岩组成,基本无成岩作用。储层品质好,原生粒间孔隙度平均为 $26\% \sim 32\%$,渗透率介于 750 mD $\sim$ 40 D。

尤因塔盆地白垩系 Mesaverde 群、古新统—始新统绿河组、科尔顿组、尤因塔组、迪歇纳河组河流相和湖相砂岩,物性好,埋深浅。

由此可见,油砂主要赋存在高孔隙度、高渗透率的粗碎屑岩中,分属于不同时代的河流沼泽相、三角洲和湖底扇等多种成因类型砂岩体,部分重质原油分布在高渗透的溶蚀型和裂缝性碳酸盐岩储集层中。成岩后生作用影响较小,岩性疏松,原生孔隙发育。具有高孔隙和高渗透性特征,但含油饱和度较低。

三、烃源岩条件

阿尔伯达盆地、东委内瑞拉盆地和伏尔加-乌拉尔盆地,其主要烃源岩都是在前陆盆地成盆前被动边缘沉积,烃源岩沉积厚度大、分布面积广,有机质丰度为2%~24.3%。前陆盆地阶段也有一定的烃源岩形成,但仅作为次要的烃源岩。如阿尔伯达盆地发育5套生油岩,其中含有形成于克拉通陆架区的泥盆系Duvernay组、石炭系、三叠系Doig组及前陆盆地期的中、上侏罗统Nordegg段和上白垩统生油岩。美国落基山前陆盆地发育多套烃源岩,既有下伏分布广泛的宾夕法尼亚系海相页岩,又有形成于前陆坳陷时期的白垩系海相页岩,白垩系海相页岩有机碳含量为0.5%~10%,在西部逆掩冲断带,由于造山活动所造成的高热流,使得生油岩的成熟度大大提高。

中国中西部前陆盆地结构的复杂性,决定了其含有多套烃源岩,而且生烃潜力有一定的差异。与典型前陆盆地不同的是,中国中西部前陆盆地在前前陆盆地阶段不仅发育了海相烃源岩而且其上面还叠置了一套陆相煤系烃源岩。鄂尔多斯盆地的烃源岩主要为前前陆盆地期(C-P)的泥质岩和前陆盆地期(T₃)的深湖相—半深湖相泥页岩,前者有机碳一般在1.55%~2.77%,氯仿沥青"A"一般为0.04%~0.08%;后者有机碳一般在0.84%~1.78%,氯仿沥青"A"一般为0.02%~1.31%。准噶尔盆地西北缘主要发育二叠系、侏罗系两套烃源岩,前者有机碳大多在1%~4%,平均为1.3%;后者平均为1.99%。

四、圈闭条件

最有利油砂成藏的构造位置为斜坡带和前缘隆起浅部位。

斜坡带位于前渊区向前隆方向的过渡带,是前陆盆地最稳定的单元,同时也是前渊生烃中心及斜坡下倾部位油气运移的主要指向区带,圈闭类型以地层圈闭为主,其次为岩性圈闭,偶尔也见构造圈闭。阿尔伯达盆地Mannville群沉积组合中,主要的油气聚集带出现在白垩系底不整合面之上的陆相底砂岩以及底砂岩之上的三角洲到河口湾相的砂质地层段中。复杂的地质关系造成了各种岩性圈闭。主要的油气聚集都分布在河流相和河口湾相底部的石英砂岩、阿萨巴斯卡和皮斯河油砂以及Dunlevy/Buick Creek河口湾水道复合砂体中。该组合控制了整个盆地的天然气、重油和油砂的储量,阿萨巴斯卡油砂矿位于斜坡末端近前隆部位。

前缘隆起区圈闭类型以构造圈闭和构造—岩性圈闭为主。虽然前缘隆起区是油气运移的指向区,但易缺乏良好的封盖及保存条件,使运移至此的油气遭受氧化、生物降解等形成重质油藏或油砂矿。如阿尔伯达盆地东北部油砂矿、东委内瑞拉斜坡带末端及近前隆区的奥里诺科重油带、丹佛盆地的大型油砂矿、克拉玛依中—新生代尖灭楔中的重油、阿拉斯加北坡盆地白垩系顶部及古近系重油和油砂矿等。

总之,前陆盆地斜坡带末端及前隆区的构造圈闭或构造-地层圈闭是重质油藏和油砂矿有利的形成区,其易缺乏良好的封盖及保存条件,使聚集在这些圈闭中的油气处于相对氧化的环境,易遭受氧化、生物降解等稠化作用形成重油和油砂。

五、资源形成与分布的主控因素

(一) 资源基础

早期的克拉通边缘盆地或聚敛板块边缘盆地接受了广泛分布的优质烃源岩,有丰富的物质基础,也是常规油气富集的盆地,如阿尔伯达盆地泥盆系-下石炭统 Exshaw 组和下侏罗统 Nordegg 组页岩、东委内瑞拉盆地上白垩统 Querecual 组及 San Anatonio 组泥岩、伏尔加-乌拉尔盆地弗拉斯阶(泥盆系)-杜内阶(石炭系)多马尼克相页岩及弗拉斯阶-法门阶(泥盆系)碳酸盐岩、尤因塔盆地古近系绿河组页岩和灰岩。

(二) 成因动力

多旋回演化是油砂资源形成的动力学条件,先期克拉通边缘盆地或聚敛板块边缘盆地,后期受挤压应力作用,出现前渊坳陷,在前渊坳陷接受沉积的过程中,早期沉积的烃源岩在上覆地层埋藏压力的作用下,开始成熟并发生运移。同时,挤压应力造就了新的盆地格局——大型箕状坳陷和前缘隆起及斜坡带,为油气长距离、大规模向前缘隆起和斜坡带高部位运移提供了条件和动力。阿尔伯达盆地在白垩纪末拉拉米造山运动期间形成前渊凹陷—前陆斜坡—前缘隆起构造格局,盆地内沉积盖层埋深迅速增加,其西南部前渊坳陷中的烃源岩成熟并发生油气运移,与拉拉米构造运动有关的区域规模流体自西向东沿斜坡带流动,为油气远距离从西南部前渊坳陷向东北部前缘隆起运移提供了动力条件。东委内瑞拉盆地、伏尔加-乌拉尔盆地和尤因塔盆地等与阿尔伯达盆地类似。

(三) 氧化环境

运移到前缘隆起和斜坡带高部位的油气进入氧化环境的各类物理圈闭中,轻组分散失同时遭受水洗和生物降解等作用,发生稠化,演化为稠油和油砂,这与较深部位的正常油在纵向上形成具有密切成因联系的资源序列。

六、资源分布规律

油砂资源在成矿模式、成矿盆地类型、成矿构造带、成矿盆地及成矿构造区中的分布高度集中。具体分析如下：

（一）四种成矿模式

1. 斜坡降解型成矿模式

斜坡降解型成矿机理（成矿模式示意图见阿尔伯达盆地）：油气来自盆地前渊坳陷区深部的烃源岩系，烃源岩成熟以后，生成大量油气向斜坡带和前隆区进行长距离运移，运移至斜坡带末端及前隆区的油气。运移过程中轻组分不断逃逸，更主要的是斜坡带和前隆区浅部位处于地表且与大气连通，盖层封闭性差，致使运移到此的油气进入氧化环境的砂体中，遭受水洗氧化和生物降解形成油砂。这种成矿模式发生在构造相对简单的大型斜坡带和前隆区浅部位，形成的油砂矿规模通常很大，如阿尔伯达盆地东北部油砂矿、伏尔加-乌拉尔盆地鞑靼隆起、纳波/普图马约盆地东部前隆区等。

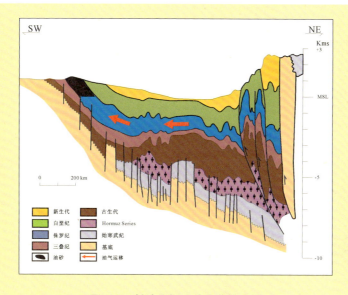

图1.3　斜坡降解油砂成藏模式图

2. 古油藏破坏型成矿模式

古油藏破坏型成矿机理：先期已形成的巨型或大型古油藏，在后期长期的构造演化过程，遭受区域性抬升（如基底抬升），古油藏被抬升至地表或近地表地区，遭受剥蚀氧化、生物降解形成油砂矿，如西伯利亚地台阿纳巴尔隆起和阿尔丹隆起的油砂矿。该种成矿模式，因抬升范围大，古油藏规模大，形成的油砂矿规模也大。

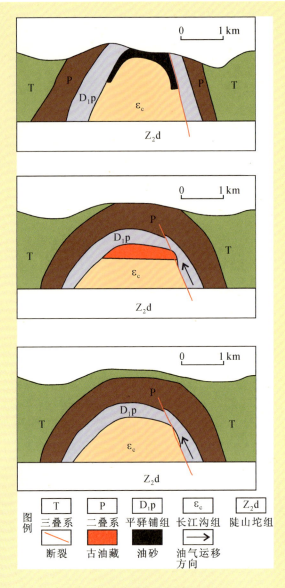

图 1.4　古油藏破坏成矿模式图

3. 断裂疏导型成矿模式

断裂疏导型成矿机理(图 1.5):该种成矿模式一般存在于裂谷盆地中,裂谷作用先于烃源岩成熟或者与烃源岩成熟同时发生,油气沿断裂带运移至浅层,从而遭受氧化、生物降解形成油砂。该种成矿模式形成的油砂矿规模往往较小,仅局部发育。

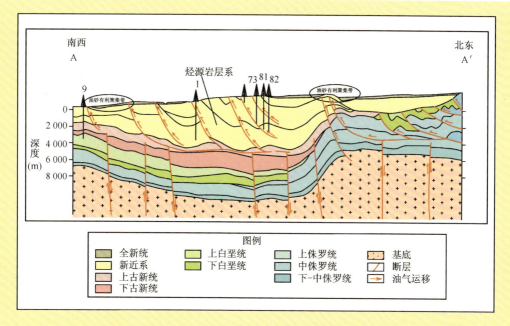

图1.5 断裂疏导型成矿模式示意图(以南里海盆地为例)

四种成矿模式中,斜坡降解型形成油砂矿规模最大,资源量最为丰富,次之为古油藏破坏型。其他两种成矿模式形成油砂矿规模中等一小。

(二)两种类型成矿盆地

油砂资源集中分布在克拉通边缘盆地和封闭型聚敛板块边缘盆地,这两种盆地类型蕴含全球油砂地质资源量的95.1%。

① 克拉通边缘盆地包含阿尔伯达盆地、东西伯利亚盆地、伏尔加-乌拉尔盆地、尤因塔盆地、纳波/普图马约盆地等,该种类型盆地所蕴含的油砂地质资源量占全球的87.3%。

② 封闭型聚敛板块边缘盆地包含东委内瑞拉盆地、滨里海盆地、北高加索盆地、阿拉伯盆地等,该种类型盆地所蕴含的油砂地质资源量占全球的7.8%。

(三)三大成矿构造带

1.科迪勒拉山前成矿构造带

科迪勒拉山前成矿构造带横贯南北美洲(图1.5),共包含45个含油砂盆地,世界油砂资源量最为丰富的阿尔伯达盆地分布在该成矿构造带,此外还有尤因塔盆地、马拉开波盆地、普图马约盆地、北坡盆地、帕拉多盆地等等。该成矿构造带油砂地质资源量占全球的45.8%。

2. 西伯利亚地台周缘山系成矿构造带

西伯利亚地台周缘山系成矿构造带主要指西伯利亚地台（东西伯利亚盆地）上的油砂资源量，该成矿构造带油砂地质资源量占全球的40.1%。

3. 乌拉尔山前成矿构造带

乌拉尔山前成矿构造带，包含伏尔加-乌拉尔盆地、蒂曼-伯朝拉盆地以及滨里海盆地，该成矿构造带油砂地质资源量占全球的12.6%。

这三大成矿构造带所蕴含的油砂地质资源量占全球的98.5%。

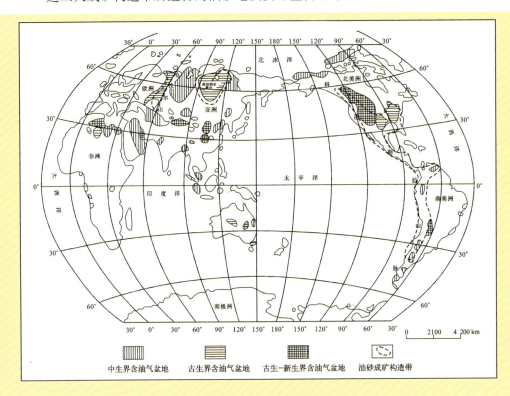

图1.6 油砂成矿构造带展布图

（四）四大成矿构造区

油砂资源集中分布在俄罗斯、北美洲、高加索地区和南美洲四大成矿构造区地区，其油砂地质资源量所占的比例分别为45.4%、42.8%、7.5%及3.0%，占全球油砂地质资源量的98.7%。

（五）五大成矿盆地

油砂资源集中分布在阿尔伯达盆地、东西伯利亚盆地、滨里海盆地、伏尔加-乌拉尔盆地以及马拉开波盆地这五大成矿盆地，其油砂资源所占比例分别为

41.8%、40.1%、7.3%、4.9%及2.9%,占全球油砂地质资源量的97.1%。

以上分析可以看出,全球油砂资源十分丰富,与常规油气资源的分布相比,其分布的不均一性更强,油砂资源集中分布在两种类型成矿盆地、三大成矿构造带、四大成矿构造区及五大成矿盆地,集中度远高于常规油气资源。

THE SECOND CHAPTER

第二章

油砂勘探方法与技术

油砂虽然是一种非常规油气资源,但是它的成因、勘探方法、研究技术手段都
与常规油气有着不可分割的密切关系,而与其他固体矿产差别明显。

油砂勘探需要解决以下基本地质问题:基底岩石性质、时代、埋藏深度及起伏
状况,盆地周边的地质情况;沉积岩的时代、厚度、岩性、岩相及其分布情况,建立地
层剖面;区域构造单元划分和区域构造发展史,主要二级构造单元和面积较大的油
砂矿藏的基本形态,上下构造层间的关系及主要断裂情况;含油砂矿凹陷分布,油
砂层的层位、岩性、厚度;油砂岩性、物性、厚度、沉积条件、分布情况和组合情况;地
面、地下油砂显示,区域水文地质条件;含油砂远景。

勘探步骤:收集已有资料,必要时补做地质调查工作,进行盆地初步优选;有选
择地开展非地震物化探及地震概查工作,进行盆地再次优选;进行高精度非地震物
化探、地震普查及区域探井钻探,优选有利凹陷;进行地震普查、局部地震详查和区
域探井钻探,优选有利含油砂区带。

勘探成果:盆地区域勘查阶段始终应采用盆地分析评价方法,确定具有含油砂
远景的盆地,优选出有利的含油砂区带,估算出油砂资源量及其分布,提出油砂开
发建议。

第一节   油砂野外调查方法

油砂野外地质调查分为三个主要阶段,分别是准备工作阶段、野外工作阶段、
室内整理阶段。准备工作阶段包括收集资料、组织准备;野外工作阶段包括踏勘、
实测地层剖面;室内整理包括资料整理、编制正式图件和报告。本节主要介绍这三
个阶段中的主要工作内容、工作方法、需要制作的图件和需要特别注意的问题。

一、准备工作阶段

（一）收集资料内容

在野外工作的准备阶段，我们需要收集一些在野外工作中必备的图件，以方便设计野外工作方案，在野外确定位置、勘查路线等。它们包括研究区地质图、地形图、自然地理和人文地理资料、航测资料、地质矿产资料等。下面介绍这些资料及其作用。

（1）地形图

收集国家最新出版的研究区及邻区的地形图，地形图比例尺至少应比任务规定的成果图比例尺大一倍。

（2）地质图

按研究的精度要求，收集研究区及临区 1：20 万，1：5 万地质图和地质图说明，详细阅读油砂所在地层单位的说明，仔细研究典型剖面地层序列柱状图、剖面图，并查明典型剖面位置。

（3）自然和人文地理资料

野外考察前，应对研究区自然地理情况有大体了解，特别是研究区的气象情况，交通情况，植被覆盖情况，物资供应情况等，还应了解野外工作中可能遇到的危险因素（蛇、蜱虫），少数民族地区还应了解民族风俗习惯，以便准备相应的劳保装备，预防可能发生的危险，有利于野外工作的顺利进行。

（4）油砂勘探资料

在进行野外工作之前，应通过资料调研，尽可能多地了解研究区油砂的勘探现状。要收集的资料包括地面物探（重磁力、电法、放射性、地震等）、化探、钻探资料、水文地质资料等，特别应收集、整理前人在研究区所进行过的油砂专题研究资料，以便对研究区油砂的出露特征、研究程度有详细的了解。

（二）准备野外备品

表 2.1 是油砂野外调查应准备的野外样品检查清单，可按清单准备野外备品。

表 2.1　油砂野外调查需准备的野外备品检查清单

序号	备　品	作　用
1	地质锤、地质罗盘、放大镜、钢钎	地质观察、测量、采样
2	GPS	定位
4	测绳、皮尺	测量剖面
5	网格纸、纸夹、铅笔、小刀、橡皮、三角板、野外记录本	绘制剖面图、柱状图等

序号	备　品	作　用
6	保鲜膜、铝箔纸、样品袋、记号笔、标签纸、医用白胶带	包裹油砂样品、防止油砂油挥发
7	药品(感冒、消炎、防虫、创可贴等)	急救
8	草帽、手套、防滑服装、登山鞋等	劳动保护
9	拍照用比例尺、相机、笔记本电脑	拍照、编辑照片
10	到疫区工作提前注射相应疫苗(森林脑炎、出血热等)	防疫

(三) 制定总体工作计划

在野外工作之前,应制定总体工作计划,了解工区的地理、交通、住房、水源、食物供应条件,确定野外工作时间、交通工具、装备用品、基地和宿营地点等。应根据野外路况条件确定合适的交通工具,另外应对野外工作时间、地点有大体规划,合理安排不同工作地点的工作时间和宿营地,做到心中有数。在研究区地质、矿产资料基础上,初步明确野外踏勘路线、需要测量剖面的数量和大体位置,样品采集目的、数量、采样原则、需安排的地质钻孔、物化探等实物工作量。

二、野外工作阶段

(一) 野外踏勘

对于第一次做工作的地区,应先安排一次穿越路线踏勘。路线要包括研究区大部分典型的油砂露头,以全面了解工区的地质条件,包括:a. 各类地质体的特征、分布与接触关系;b. 油砂所在的主要地层单位的特征;c. 地质构造类型与复杂程度;d. 油砂层裸露程度、覆盖物的类型、分布面积和厚度;e. 油砂的大体分布情况。在踏勘基础上,具体安排地质剖面、探坑、探槽、地质钻孔、样品采集计划等。

(二) 实测地层剖面

1. 地层剖面位置选择

① 应选择在能代表一个区域或一个小区的油砂特征的地段,油砂层在该地段最为稳定、层数最多、厚度最大。

② 应选择地层露头连续分布、完整清楚、化石丰富、横向上掩盖少的地段。

③ 尽量选择在构造简单的地段。

④ 要求在地形上尽可能使剖面方向垂直于地层走向。

2. 实测地层剖面的精度要求

(1) 油砂剖面分层规定

① 分层时除了综合考虑油砂的颜色、成分、结构、构造特征、层间接触关系、沉积间断等因素外,不同含油率的油砂层也可作为分层考虑的因素。凡以上特征有明显变化处,应当分层。

② 最小分层厚度根据成图比例尺决定。最小分层厚度等于实测剖面图或柱状图上 1 mm 所代表的地层厚度。如剖面的柱状剖面图比例尺一般规定为 1∶500,最小分层厚度为 0.5 m。

③ 分层时应特别注意研究生储盖层、有特征意义的岩层和标准层,不论厚度大小均应单独分层,或单卡厚度综合描述。

④ 对于特殊结构和特殊交互层、古生物夹层等,应辅以放大比例尺 1∶50～1∶10,甚至用放大倍数的素描图准确表达。

(2)取样密度

油砂剖面测量必须进行系统采样,采样应有目的性和代表性,采样密度可按表 2.2 及实际情况决定。

表 2.2　油砂样品采集标准

岩层种类	单层厚度,m					
	1～5	>5～10	>10～20	>20～50	>50～100	>100
	取样块数					
生油层	1	2	3	4	5～10	每 15 ml 块
油砂层	1	1	2	3	4～5	每 20 ml 块
一般层	1	1	1	2	3	每 30 ml 块

(3)测量误差

对于任何比例尺的地质填图,剖面两次丈量的总厚度相对误差不得大于 2%,厚度单位为米,读数至小数点后 2 位。

3. 实测地层剖面的测量程序和方法

① 选定实测地层剖面位置后,在正式丈量之前,应先按剖面路线进行详细踏勘,全面了解地质情况,内容是:a. 剖面丈量难易程度;b. 油砂层的发育、含油率情况;c. 剖面分层因素明显程度;d. 构造发育情况。

② 根据踏勘结果,应确定以下内容:a. 标准层;b. 大体分层位置;c. 布置坑探、槽探工程。

③ 确定测量计划:确定比例尺、主要分层原则,并进行人员分工。

④ 半仪器法导线测量:用皮尺或测绳丈量地面斜距,用地质罗盘测量导线的方位和导线坡度角。

⑤ 记录方法:剖面线测量的同时,进行实测地层剖面的观察和描述。剖面测量可在专门的剖面分层描述表中进行分层记录(表2.3),在野外记录本中分层逐项详细描述地质特征,并画出沿线的顺手剖面图。

⑥ 丈量操作要求:a. 丈量地层应逐层自老到新;b. 剖面方向应尽量垂直地层走向,即交角尽量为90°。若地形上有困难,只能与地层走向斜交时,交角不得小于60°;c. 测量导线方位角及坡度角时,前后测手应相互对测,以便校正;d. 量取地层产状时,应先统观所测岩层,在有代表性的部位量取倾向和倾角。

⑦ 现场操作步骤和内容:a. 前后测手按导线方向,将相同长度(1.5 m)的两根标杆分别准确地直立在分层界线上;b. 瞄准两根标杆的延伸方向,测量导线方位角;c. 以两根标杆的顶端为准,测量导线坡度角,后测手向前测手看,仰视坡度角为正值;俯视坡度角为负值;d. 将皮尺在两根标杆顶端间拉直,读取斜距;e. 测量地层产状;f. 记录人将前后测手报出的各项数据整齐、清楚、准确地记入"地层厚度丈量计算表"并复述校核(表2.3);g. 按厚度计算公式[$H = L(\sin\alpha \cdot \cos\beta \cdot \sin\gamma \pm \cos\alpha \cdot \sin\beta)$]计算地层厚度,并由第2人检查校核;h. 检验计算厚度与实测地层厚度的符合程度,发现总是及时纠正或返工。

⑧ 应附顺手横剖面图、素描和照片:a. 顺手横剖面图应反映地形起伏、岩层出露宽度和产状,图上要标明方向、比例尺、接触关系、层号、油气苗层位、产状和量取位置、化石产层及特殊夹层位置、素描和照相位置、样品标本的采集位置等;b. 素描应画出岩层的特殊结构或沉积特征,标出方向、名称、比例尺及扼要说明;c. 有意义的地质现象进行照相和录像时,在景物旁放置一个衬托景物大小的参照物;d. 照相应有编号、简要说明与记录。

4. 随手剖面图的绘制方法

随手剖面图是在剖面测量和地质观察的同时,随手在野外记录本或网格纸上画出的地质剖面草图,以反映实测剖面线上的地形起伏、构造、地层界线、地层分层、油砂层位置,取样位置、照片位置等,对野外资料整理、绘制正式剖面图极为重要(图2.1)。

① 选择合适比例尺,比例尺的选取原则是将要测量的主要地质现象清晰的反映出来。

② 按比例尺以每一导为单位画出剖面线和地形线,地形线的长度、坡度以皮尺和罗盘测量为准。并在每一导起点标明经纬度。

③ 在剖面测量的过程中,逐段画地形线的同时,在地形线下部添加地质内容(分层、产状、油砂层、断层等),添加地质内容时,岩层每个分层的斜距仍要在地形线上按比例截取,岩性、岩层及岩体时代,岩层的倾向、倾角都要用规定的符号

标注。

④ 在图上标注取样位置、照片位置,以照片和取样编号表示。

⑤ 最后,注明图名、位置、方向和比例尺。

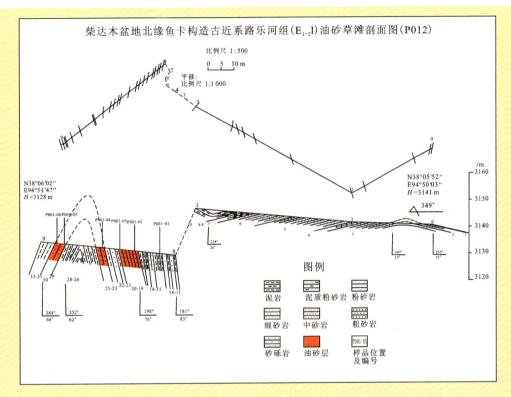

图 2.1　柴达木盆地北缘鱼卡构造古近系路乐河组($E_{1-2}l$)油砂剖面图

(三) 钻孔编录

① 对于全取心钻井,应首先检查岩心箱、岩心牌、岩心编号是否正确。凡是大于 5 cm 的岩心段,均要求编号。

② 按回次进行编录,并记录在岩心编录表上(表 2.4),主要记录岩石名称、颜色、结构、构成。对油砂层,要详细记录油砂的含油性情况。

③ 采集标本,编号以钻孔编号开头,并标注取样深度。并在岩心描述表上进行记录。

④ 采集照片,采集整盒岩心照片,并在记录本上标明井段和回次,采集典型照片前,应放比例尺,并用标签纸标注井号和深度。拍照后在记录本上记录(图 2.2)。

剖面名称：

表 2.3 野外剖面测量描述表

导线号	地层代号	分层号	岩性	岩层产状		导线			皮尺读数,m			厚度计算公式 $H_i = L(\sin\alpha \cdot \cos\beta \cdot \sin\gamma \pm \cos\alpha \cdot \sin\beta)$						计算结果 厚度,m		备注
				倾向 λ	倾角 α	方位角 φ	与走向夹角 γ	坡度角 β	前 L_2	后 L_1	斜距 L	$\sin\alpha$	$\cos\beta$	$\sin\gamma$	±	$\cos\alpha$	$\sin\beta$	分层 H_1	累计 $\sum H_1$	
1	2	3	4	5	6	7	8	9	10	11	12	13	14	15	16	17	18	19	20	21
0-1																				
1-2																				
2-3																				
2-4																				
4-5																				

记录人：　　　　　　计算人：　　　　　　检查人：　　　　　　年　　月　　日

注：将厚度计算公式输入电子计算器，则表 6 中第 13 栏至第 18 栏可省略不填。

图 2.2　油砂照片采集

表 2.4　油砂钻井编录表

井号：　　　　　组段：　　　　　取心回次：　　　　井段：　　　　实际深度：
进尺：　　　　　心长：　　　　　收获率：　　　　　盒号：

层号	深度及厚度	距顶深	结构、构造	含油性	定名	照片			取样
						照片号	深度	照片描述	

5. 样品的采集

① 取样基本要求。样品应有代表性、真实性和明确的目的性：a. 岩石样品应在生根的岩层新鲜露头上采集，不得在风化壳上采集，不得采集滚石样品；b. 化石样品要有明确的产层层位，不得沿途拣拾。

② 采样编号。采样可按以下顺序编号：工作地点－剖面号－样品号－取样目的。

③ 油砂的取样要求：a. 油砂含油率、储层测量样品尺寸不小于 5 cm×8 cm×10 cm，电镜、薄片样品不得小于 3 cm×4 cm×6 cm；c. 衍射样品 300～500 g；d. 同位素年龄样品，单块质量不得小于 500 g。b. 应先将油砂样品用保鲜膜或铝箔纸包裹好，再放入密封袋中，然后再装入样品袋中；c. 每个油砂样填写两张标签，一张用白胶带缠在样品上，另一张贴在密封袋上。

④ 应系统地、有代表性地采取各种岩矿样品，对含油岩系层段，应加密采样，样品的采样位置标在随手剖面和素描图中。

6. 资料整理

① 每天测量完毕后,应编制地层柱状草图。将岩性描述、厚度记录、化石记录、标本采样记录等原始记录汇总到柱状草图上。

② 一条剖面丈量结束后,应系统地整理岩样分析、分层厚度记录等资料。

三、室内整理阶段

野外工作结束后,应对野外记录、随手剖面、样品、钻井描述表进行整理,绘制正式的剖面图、柱状图、平面图,并按样品采集目的进行送样分析。

第二节　油砂化探技术

油气地表化学勘探是石油地质和地球化学交叉结合的产物,可以通过检测显示烃类物质在近地表的形迹。地表地球化学异常主要以土壤吸附烃和游离烃测量为首要指标,指示油气藏的存在,具有直接、快速、有效及低成本的特点(熊波等,2011)。

一、油砂化探的阶段划分

油砂化探与其他金属矿产资源化探一样,也可分为四个阶段,包括区域化探、化探普查、化探详查和开采阶段。

(1) 区域化探

该化探方法涉及的面积大(几百到几千平方千米或更大)其目的是迅速圈出油砂成矿的远景区,以便进一步普查和详查。每个地质单位限30～200个样。

(2) 化探普查

涉及面积较大(几十到几百平方千米)。一般是在油砂成矿特点基本查明的地区或已知矿区外围进行。适于水系沉积物地球化学测量时仍使用水系沉积物地球化学测量,配合水化学测量;适合土壤地球化学测量仍用土壤地球化学测量;当油砂出露良好时,可直接对油砂进行地球化学测量。

(3) 化探详查

在普查圈定的含矿有利地段或已知矿区的近邻进行。其目的是确切圈定油砂矿体的位置,初步评价油砂规模,预测深部油砂矿层分布。视条件使用土壤、岩石、气体地球化学测量,还可辅以水文地球化学或生物地球化学测量。

(4) 开采阶段

多用岩石地球化学测量,在地表(包括探槽、浅井)、钻孔和坑道中采样。

二、地球化学指标的选择及其依据

油砂地球化学地表测量主要借鉴了油气地球化学测量所采用的指标方案,一般分为两大类,即直接指标和间接指标(黄书俊等,2000)。

直接地球化学探测技术主要依据于 C_1-C_4 的烃类从热解成因的油气藏中向地表迁移,但是甲烷具有多解性,因此在形成的高异常区常利用检测出的 C_2-C_4 高浓度值作为油气藏重要的油气地球化学勘查的直接指标。

间接地球化学测量技术主要是与烃类垂直迁移有关或者以它们为依据的方法,采用土壤后生碳酸盐(ΔC)分析,ΔC 测量实质上是碳酸盐测量法,主要基于油气藏中 CO_2 气和烃气自圈闭垂直迁移穿过上覆沉积盖层运移到近地表经氧化成碳酸盐为依据。

三、背景与异常下限的确定

根据勘探区地质背景,迭代统计计算背景值和标准离差,按背景值加一倍标准离差作为异常下限。计算公式如下:

$$CA = \overline{X} + \delta$$

$$\overline{X} = \sum_1^n \frac{X_i}{n} \quad \delta = \sqrt{\frac{\sum (X_i - \overline{X})^2}{n-1}}$$

式中:$\overline{X}$——背景平均值;

δ——标准离差;

CA——异常下限;

X_i——某样品的分析数据;

n——参加计算的样品数。

地表地球化学异常以往多用于金属或固体化探异常中,异常比较稳定,信息量较大,常采用 $CA = \overline{X} + (2 \sim 3)\delta$ 确定异常下限。对于油气化探异常而言,异常相对较弱,离散程度也大,运用固体中的异常公式计算不具有明显特征,因此参考石油化探常用的方法,以 $CA = \overline{X} + \delta$ 来确定异常下限,以突出局部异常。以松辽盆地镇赉油砂矿化探为例,经过统计和计算,各指标的背景值与异常下限见表2.5,经过后期的钻井证实,勘探区西部油砂品位、厚度具有局部富集区。

表 2.5　松辽盆地镇赉油砂矿各指标背景平均值、异常下限统计表

指标	西　部		
	$\bar{X}$（均值）	δ（离差）	CA（异常下限）
甲烷	24.25	13.38	37.63
乙烷	2.77	1.59	4.36
丙烷	1.20	0.58	1.78
异丁烷	0.21	0.12	0.33
正丁烷	0.36	0.24	0.60
ΔC	2.04	0.36	2.40

四、油气化探异常指标对油砂矿藏的指示作用

牛军平等（2009）通过图木吉油砂矿与国内油气藏上方土壤化探资料对比，认为油砂化探指标的特点更接近油田化探指标。而目前，国内外学者判断烃类指标与油气藏的关系时，通常利用以下几个指标。

① 土壤中的吸附烃不仅可以判断地下烃类的渗漏，而且在一定程度上可以反映烃类的成因，如 $C_1/\sum C_n (n=1, 2, 3, 4) \leqslant 99\%$ 时，表明烃类的成因为热解成因，$C_1/\sum C_n (n=1, 2, 3, 4) > 99\%$ 时，为生物成因；$C_1/(C_2+C_3) > 100\%$ 时，表明烃类为生物成因，$C_1/(C_2+C_3) = 20\% \sim 100\%$ 时，表明烃类为热解成因，$C_1/(C_2+C_3) = 10\% \sim 20\%$ 时，为热解成因凝析气。其原理主要是通过碳同位素的标定以及排序来确定成因类型（王先彬，郭占谦等，2006，2009），在大量数据的基础上统计了不同成因类型烃类成分的分布特征，建立了不同烃类成因类型的指标。

② 针对油气化探高值和低值异常带来的多解性问题，许卫平等（1996）利用轻质组分（C_1）与重质组分（C_3）的比值来反映烃类垂向运移动力学特点，以此来反映油、气藏的保存条件。当油气藏具有较好的保存条件时地化动力指标呈高值势态，当油气藏保存条件较差时地化动力指标呈低值势态。而研究区烃类异常中地化动力指标呈低值势态，原因为研究区油砂矿藏埋藏较浅，有过烃类散失，从而引起的烃类异常。

③ 蚀变碳酸盐指标（ΔC）：该指标为美国达拉斯石油公司的根据多次油田上方土壤中的试验发现的土壤碳酸盐蚀变。该指标易于在油气田上方形成环状异常。目前，国内的一些油田应用的结果也表明，ΔC 对油气藏有指示作用。而国内多地 ΔC 指标在油气藏上方确有异常显示，而且均为环状异常。如双阳油田的五星构造带上获得多个 ΔC 环状异常。

ΔC指标在松辽盆地虽然背景值普遍偏低,而且异常的分类与烃类指标稍有偏移,但在指示油气远景上,仍是一个较好的间接指标。ΔC异常分布于烃类异常的外侧,于烃类异常呈部分套合。

异常模式是评价地球化学异常的基本准则,但是油砂矿藏地表土壤地球化学异常模式目前国内外尚未见报道,这给异常的解释与评价带来了一定的困难,但是油砂矿藏的地表地球化学的各种指标给油砂矿藏的浅层识别带来了良好的指示作用,是油砂显示的良好标志,随着研究的深入,对油砂导致的地球化学异常的解释与评价将取得深化和发展,建立油砂地球化学异常模式,将成为油砂矿藏前期勘探的主要方法。

第三节　油砂物探技术

电法勘探在油砂物探中应用最为广泛。是根据地壳中各类岩石或矿体的电磁学性质(如导电性、导磁性、介电性)和电化学特性的差异,通过对人工或天然电场、电磁场或电化学场的空间分布规律和时间特性的观测和研究,寻找不同类型有用矿床和查明地质构造及解决地质问题的地球物理勘探方法(郑秀芬等,1997)。可分为主动源勘探、被动源勘探和其他源勘探,其中主动源勘探中激电法和瞬变电磁法是目前应用最广的两种方法。

一、主要岩石、矿物的电性特征

不同岩石、矿物的电性特征差异是形成电法勘探中电磁异常的根本原因,表2.6列举了主要岩石和矿物的电阻率特征。

表2.6　常见岩石、矿物的电阻率(傅良魁,1983)

岩石名称	电阻率($\Omega \cdot m$)	矿物名称	电阻率($\Omega \cdot m$)
黏土	$1 \sim 10$	石英	$10^{12} \sim 10^{10}$
泥岩	$5 \sim 60$	白云母	4×10^{11}
页岩	$10 \sim 10^2$	长石	4×10^{11}
泥质页岩	$5 \sim 10^3$	方解石	$5 \times 10^3 \sim 5 \times 10^{12}$
疏松砂岩	$2 \sim 50$	硬石膏	$10^4 \sim 10^6$
致密砂岩	$20 \sim 10^3$	无水石膏	109
含油砂岩	$2 \sim 10^3$	岩盐	$10^4 \sim 10^6$
贝壳石灰岩	$20 \sim (2 \times 10^2)$	石墨	$10^{-6} \sim (3 \times 10^{-4})$

岩石名称	电阻率($\Omega \cdot m$)	矿物名称	电阻率($\Omega \cdot m$)
泥灰岩	$5 \sim (5 \times 10^2)$	磁铁矿	$10^{-4} \sim (3 \times 10^{-3})$
石灰岩	$60 \sim (6 \times 10^3)$	黄铁矿	10^4
白云岩	$50 \sim (6 \times 10^3)$	黄铜矿	10^3
玄武岩	$6 \times (10^2 \sim 10^5)$		
花岗岩	$6 \times (10^2 \sim 10^5)$		

二、激电法勘探

（一）勘探原理

激电法全称激发极化法（IP），是一种主动源勘探法。其原理是向地下输入电流,利用岩石或矿石收到激发极化作用后产生的电流场,进行找矿和解决其他地质问题的方法。这种方法以地壳中不同岩石、岩石间极化特性差异为前提,观测和研究激电异常场空间分布规律和激电场随时间变化特性。通过观测和研究激电场的空间分布特征,便可实现找矿的目的或解决其他地质问题。激电法适用于评价构造的含油性、指示油气富集中心和油气藏的大致范围、发现新油气藏。

激电法油砂勘探可分为直接法和间接法两种方法（臧焕荣等,2013）：

直接法是直接探测油气藏与地层不同矿石、岩石间极化特性差异,观测和研究油气藏激电异常场空间分布规律和激电场随时间变化特性,落实油气藏的空间分布特征。

间接法在油气藏上方地层中会形成次生黄铁矿晕染,可根据次生黄铁矿的低阻间接探测油气藏（蔡运胜等,2012）。形成黄铁矿的原因主要是受烟囱效应的影响,烃类物质向上部地层扩散或渗流,并被上覆岩层吸附和滞留。当这些烃类物质遇到地层中的硫酸盐溶液,就会形成黄铁矿。由于黄铁矿的低阻特性,激电法对这种黄铁矿晕染十分敏感,具有较强的激电效应,与非油气地层上方形成显著的电性差异,间接探测油气藏十分敏感（高军强等,2003）。

（二）勘探效果

臧焕荣（2013）对二连盆地包楞油砂矿进行了激电法勘探。共在该地区布置了5条测线,共29 km（图2.3）。该区有一口油砂钻井巴砂1井。通过已知钻孔ZK111井旁进行电法试验,获取了该区相应地层的视电阻率。该区油砂矿层视电阻率与视极化率都具有相对高值的特点。视电阻率大约在$50 \sim 70$ $\Omega \cdot m$,视极化率在$1.0\% \sim 1.2\% \Omega \cdot m$。

从1线视电阻率断面（图2.4）看,在$50 \sim 73$ $\Omega \cdot m$的等值线圈定的范围内,油砂矿呈层状分布,深度在$80 \sim 200$ m,与ZK111井油砂矿的赋存位置相吻合。同样从 1 线视极化率断面(图 2.5)看,视极化率 1.2% 等值线圈定的范围也与 ZK111 井油砂矿的赋存位置相吻合。综合 1 线视电阻率、视极化率断面特征,预测 80~

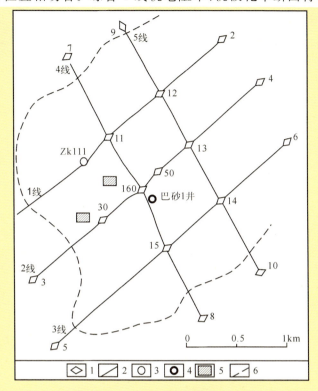

图 2.3 包楞油砂矿电法勘探位置图

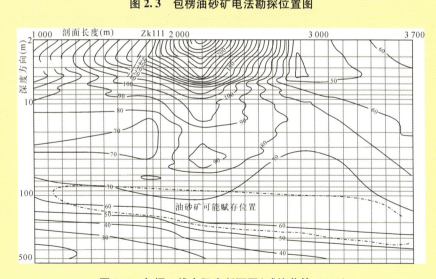

图 2.4 包楞 1 线电阻率断面图(臧焕荣等,2013)

200 m为油砂矿赋存位置。根据激电法勘查成果，认为该区油砂埋深在100～400 m；油砂层分布稳定，具有一定的分布范围；预测向东北方向存在埋深更大（大于400 m）的油砂层。

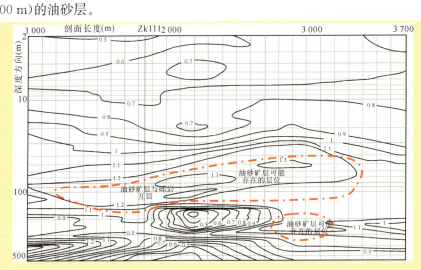

图 2.5　包楞1线极化率断面图(臧焕荣等，2013)

三、瞬变电磁法勘探

（一）勘探原理

瞬变电磁法(TEM)是由前苏联提出并逐步完善起来的一种时域电磁测深法，主要用来研究地质构造，属间接找油方法。它以两端接地导线或不接地的回线作强功率的电脉冲激发，在一定远处用线圈（或磁棒）接收随时间衰减的感应涡流在地表产生的电磁响应来达到勘查储油构造的目的。在油砂勘探中，它主要利用瞬变电磁高阻异常来反映油砂层的埋深和分布。

（二）勘探效果

钟立平等(2008)对松辽盆地西斜坡油砂瞬变电磁特征进行了研究。瞬变电磁由吉林省勘查地球物理研究院施工。根据钻井验证异常，发现异常与油砂矿吻合，见矿率约为100%。

1. 油砂瞬变电磁异常特征

根据不同剖面 2D 反演视电阻率等值线（图 2.6），该区域视电阻率值 ≤20 Ω·m，最大值为 30 Ω·m 左右。泥岩层电阻率为 5～15 Ω·m，砂岩层视电阻率为 15～25 Ω·m，异常视电阻率均值为 35 Ω·m，异常极值主要集中在 −150～−200 m 深度上，为油砂层。

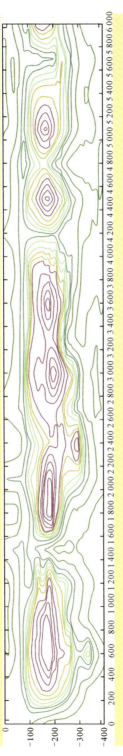

图 2.6　工区地面瞬变电磁 0000 线 2D 反演电阻率剖面图 (钟立平等, 2008)

2. 瞬变电磁异常对油砂矿层的指示

依据该工区不同深度 2D 反演平面视电阻率等值线图,异常区域主要集中在－170～180 m 左右,反演推断含矿层位与后期钻探验证结果基本吻合。工区见两个条带状和串珠状油砂异常矿带,在异常带上的钻井大部分钻遇油砂矿层,而在两个异常带中间非异常部位,所钻三口钻井均未钻遇油砂矿。说明 TEM 测量工作推断的异常层位对工区实际油砂含矿层位有很好的指示作用。

第四节　油砂钻井技术与规范

一、施工工艺

(一)井身结构

井身采用二开结构。即一开反循环施工工艺至泥岩层约 60 m,下入 $\Phi114\times4.5$ mm 的套管;二开用 $\varphi89$ 三管取芯钻具进行取芯,$\varphi91$ 合金或复合片钻头钻进。详细井身结构见附图－勘探钻孔井身结构图 2.7。

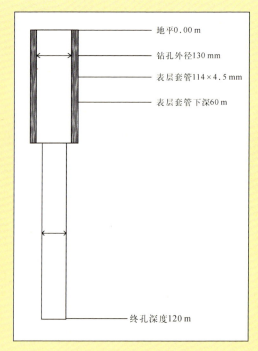

地平0.00 m

钻孔外径130 mm

表层套管114×4.5 mm

表层套管下深60 m

终孔深度120 m

图 2.7　油砂钻孔井身结构

二、钻探施工

(一) 施工设备

施工设备见表2.7。

表 2.7 主要施工设备及机具一览表

序号	名 称	型 号	数 量	备 注
1	钻 机	XY-4	1 台	钻进能力 1 000 m
2	泥 浆 泵	BW-250	1 台	
3	柴油机组	100 kW	1 台	
4	钻 塔	KS41-350	1 部	A 型塔
5	泥浆测试仪	NY-1	2 套	
6	数字测井仪	AMS	2 套	
7	取芯器	$\Phi 89$ 三重管	3 套	
8	普通钻杆	$\varphi 50$ mm	300 m	
9	打捞工具	$\varphi 127$ mm 公锥	3 只	

(二) 施工工艺

1. 钻进方法

根据矿区地层情况,上部第四系覆盖层采取反循环不取心工艺钻至泥岩层,再采取正循环单管取心钻进,进入矿心目标层采用三重管钻具取心,以满足地质采心的要求。根据硬质合金钻进技术要求,采取如下措施。

在钻进中除了合理选用钻头结构和钻进技术参数外,还必须有正确的操作方法,才能达到提高钻进效率和钻头使用寿命的目标。因此,应注意以下几方面:

① 钻头入孔内,应离孔底 0.5 m 以上并轻压慢转扫至孔底,以防止新钻头被挤夹住。扫孔时速度要慢,以防止合金崩刃或因孔底有残留岩心而堵塞。

② 要经常保持孔底清洁。孔内的岩粉、崩落的合金须及时捞取,孔内有残留岩心在 0.5 m 以上或有脱落岩心时不得下入新钻头。

③ 为保持孔径一致,钻头应排队使用。原则是先用外径大内径小,后用外径小内径大的。

④ 正常钻进压力要均匀,不得无故提动钻具,并随着合金的磨钝逐步加大压力。发现岩心堵塞时要及时处理,无效时立即提钻以防止孔内事故。

⑤ 合理掌握好回次进尺时间。避免因钻头保不住外径造成下一回次的扩孔,

这是提高钻速的有效措施之一。

2. 三重管取心工艺示意如下：

三重管取芯钻具为我院专有技术，矿芯采取率达95％以上，能够保持矿芯原样，第三层透明管能够直观看到矿芯状况，可直接封装保管。该技术防止油砂的轻质成分及水分的流失，有利于化验分析的准确性（图2.8，图2.9）。

图2.8　三重管取芯钻具图

图2.9　三重管取芯矿芯冷藏图

（三）钻进技术参数

根据井内岩层情况，合理选用钻压、转速和泵量，钻压值一般为钻具重量的

2/3~4/5,正常情况下,选取的参数见表2.8:

表 2.8　钻进技术参数表

井　段 (m)	钻头直径 (mm)	钻　进　规　程			备注
		钻压(kN)	转速(rpm)	泵量(L/min)	
60~220	Φ91	8~15	350~700	50~150	具体施工时,需根据孔内情况和不同钻机的额定转速选用

(四) 钻井液

1. 泥浆设计依据

对于使用与该地层相适应的系列泥浆,实现安全钻进本着安全、优质、低耗、高效地完成本井施工任务的指导思想,使用低固相或无固相泥浆等系列泥浆制定本井的泥浆设计。

2. 井段泥浆类型、性能与处理

60~220 m采用不分散低固相泥浆,用优质膨润土配制基浆,用碳酸钠、高效降失水剂、广谱护壁剂(GSP)调整泥浆性能。

这一井段地层松软,可钻性好,砂层易坍塌,基岩风化带易漏水,泥岩易水化泥包钻头,泥浆着重于提高清洗井底及携带岩粉的能力和保护井壁稳定,防止钻头泥包及泥饼卡钻。其泥浆性能为:

比重: 1.15 g/cm^3;　　　　　漏斗黏度: 30~35 mPa·s;

失水量: ≤12 mL/30 min;　　　泥皮厚度: ≤1 mm;

pH值: 8~9;　　　　　　　　　含砂量: ≤3%。

三、井身质量要求

1. 井眼

全井无键槽和狗腿弯,井底无落物和沉砂,井径扩大率在目的层最大不超过20%。

2. 井斜

每百米不超过2°。

3. 井深误差

井深误差≤0.5‰。

四、封孔

根据 N-solv 的技术特点,封孔显得尤为重要,封孔质量对此技术的成败有至关重要的影响,因此必须重视封孔,加之该区普遍涌水(含封孔提出了更高的要求,特别要注意这一点,因此设计封孔方案时要有预案)。

(一) 探井结构

① Φ114 套管下深 60～80 m,视地层条件确定,一般为 70 m 左右。

② 终孔直径 Φ95 mm,孔深 H=210～220 m。

(二) 含水层、矿层层位

① 含水层主要有两层,上层在 60 m 上下,为砂卵石层,该层多数钻孔不涌水。下层在 130～145 m,砂层,为涌水层,水头高度高出孔口大约 15 m 左右。

② 油矿层:在孔深 155 m 左右,层厚 5～10 m 左右。

(三) 平衡孔内涌水压为需冲洗液的比重

$$r = \frac{H_1 + h}{H_1}$$

式中:r——孔内液体比重;

H_1——孔内涌水层顶板也深,取 $H_1 = 135$ m;

H——孔口以上涌水的水柱高度,取 15 m。

代入得(如果水头高度为 20 m 时=1.18)

即当也内自涌层以上孔段的液体平均比重大于 1.11 便可压住涌水。

(四) 封孔要求

① 全孔封堵。

② 孔口不涌水。

(五) 封孔方案

① 注浆用 Φ50 钻杆,下到孔底(210～220 m)。

② 水泥浆量 1 000 L,水灰比在 0.5～0.51(应试验确定),水泥浆可泵期应大于 1 h。

③ 从孔底(220 m)到涌水层的下部(145 m)共 75 m,孔径 Φ95(按 100 mm 计算),此孔段需水泥浆量为 $V = 10^{-3} \times 0.785 \times 100^2 \times 75 = 590$ L。

④ 水泥浆沿注浆管返到涌水层及其以上孔段时,在注浆管外的环状空间内同时上返有水和水泥浆,地下水的返流速约为 330 L/min,水泥浆上返流速为 90 L/min。其中水占 330/(330+90) = 78.6%,水泥浆占 90/(330+90) = 21.4%,即:环状空间内水与水泥浆混合液体的平均比重为 0.786×1+0.214×1.85(水泥浆比重)= 1.18。当水泥浆与水的混合液返到孔口时,整个从涌水层到孔口的孔段内的液体比重在 1.18 左右,该比重大于水头高度 20 m 时所需孔内液体比重为 1.15。

此时孔内液柱压力就能基本上平衡地下水的压力，如果此时停泵，孔口应不返水，即地下涌被压住流不出来，此后上返的全为水泥浆。

⑤ 全孔水泥浆注起的高度：1 000 升水泥浆－被上返稀释部分＝有效水泥浆量。上返被稀释的水泥浆量为 $V_1 = 10^{-3} \times 0.785 \times (100^2 \times 89^2) \times 145 \times 0.214 = 50\ L$（取 100 L）。

有效水泥浆量 ＝ 1 000 － 100 ＝ 900 L

900 L 水泥浆从孔底 220 m 可注起的高度 ＝ $900/10^{-3} \times 0.785 \times 100^2 = 114\ m$，即到孔深 220－114 ＝ 106 m 处，在涌水层 130 m 以上 24 m，此 24 m 水泥浆初凝前能否压住涌水？可计算涌水层以上 24 m 水泥浆液柱和 106 m 水柱（实际是比重 1.18 的液注）两者的平均比重 ＝ 24/145×1.85＋121/145×1.1（此处取比重 1.1 不取 1.18）＝ 1.21 大于 1.15。

⑥ 为减少上返水泥浆的稀释量和压制地下水涌出量，从而提高方案的可靠性的措施：注浆时，控制孔口返水量，如减水孔口处注浆齐与套管的通水面等。此时环状空间内上返液阻力增加，因泵压远大于地下水压力，所以该阻力不会减少泵送水泥浆的量（90 L/min），而能减少地下水的涌出量。当孔口允许返出量只有90 L/min 时，此时，地下水便流不出了，上返的只有水泥浆。

⑦ 估算水泥浆的可泵期：

a. 泵送 1 000 L 水泥浆的时间 1 000/90 ＝ 12 min；

b. 泵替浆水（$\Phi_替 = 10^{-3} \times 0.785 \times 79^2 \times 106 + 80 = 600\ L$）600/90 ＝ 7 min；

c. 提出 114 m 钻具的时间：30 min；

d. 预留：10 min。

共计约 60 min，水泥浆可泵期可选 80 min。

（8）按可泵期 1：20 试选水泥浆配比（回现场用水泥、水等）。

第五节　油砂分析测试技术与规范

一、含油率的检测

含油率的检测方法参照 SY/T5118—2005《岩石中氯仿沥青"A"的测定》，参考加拿大阿尔伯达省油砂管理局（AOSTRA）推荐的标准方法，对部分操作进行了改进。

1. 方法提要

本方法根据氯仿沥青对油砂中沥青物质的溶解性,用索氏抽提器对沥青萃取,求出沥青的含量,计算出含油率。

2. 试剂及仪器设备

① 三氯甲烷(氯仿)。

② 铜片(用于脱硫)。

③ 50 ml(环刀)。

④ 1 000 ml 索氏抽提器。

⑤ 电热恒温水浴锅。

3. 分析步骤

① 以环刀取样,确定样品体积(备计算孔隙率),准确称量,样品重量在 20 g 左右(精确至 4 mg)确定油砂重。

② 退出环刀的样品经粉碎加工装入样品包内。

③ 将样品包放入抽提器样品室中,在底瓶中加入氯仿和数块铜片,氯仿加入量应为底瓶容量的 1/2～2/3,加热温度小于或等于 75℃。

④ 抽提过程中应注意补充氯仿。

⑤ 抽提过程中如发现铜片变黑,应再加铜片至不变色为止。

⑥ 抽提至样品套管中流出的溶液为无色,必要时可用荧光判定。

⑦ 将抽提器烧瓶中氯仿－稠油液转移至 250 ml 容量瓶中,以氯仿稀释至 250 ml 溶液,准确称取 5 ml 溶液分散于称重过的玻璃纤维滤纸上,40℃ 干燥 2 h 后称重,计算含油率。

⑧ 剩余氯仿－稠油液返回抽提器,蒸馏分离回收氯仿,提纯后使用。

⑨ 回收后的油砂稠油,注明分析编号,装入 100 ml 磨口玻璃瓶,以备油分析。

⑩ 抽提后的样品袋及抽提的固体在 105℃ 下烘干 5 h,准确称重,确定砂重,取部分砂样以比重瓶法确定砂的比重,以备计算含砂量,孔隙度提供数据。

⑪ 含油率计算:

$$X\% = \frac{(G_2 - G_1)}{m \times 25/250} \times 100$$

式中：G_2——玻璃纤维滤纸加氯仿沥青重,g;

$\quad\quad G_1$——玻璃纤维滤纸重,g;

$\quad\quad m$——油砂样品重,g;

$\quad\quad X\%$——油砂含油率。

⑫ 分析质量监控平行分析的样品总数的 5%～10%,平行分析的结果之差应符合氯仿沥青含量＞2.0,平行样结果允许最大值 0.4%。

二、孔隙度测试

(一) 概述

油砂孔隙度是指油和水所占的孔隙空间与其样品总体积之比。为了评价油砂原始储量必须了解矿体中油和水占据孔隙空间的体积。

(二) 检测方法

参照 SYS336—2006《岩心分析方法》5.12"疏松岩样的分析"。

① 对油砂矿体加工成柱塞样品,装进金属套筒,柱塞端面用金属筛网及多孔材料封住。样品柱塞用直径、高 38 mm 的环刀,确定样品体积。

② 把包装好的样品放入抽提器样品室中,将其油全部抽净。

③ 洗净油的样品在 105℃鼓风干燥箱中干燥,称其质量。

④ 用比重瓶法侧其砂的比重,并以此计算砂的体积。

⑤ 油砂样品的孔隙:

$$V_{孔隙} = V_{油砂} - V_{砂}$$

⑥ 孔隙度:

$$\eta_{孔} = \frac{V_{孔}}{V_{油砂}}$$

式中:$\eta_{孔度}$——油砂孔隙度;

$V_{孔隙}$——油砂孔隙体积。

⑦ 含油饱和度:

$$S_{r油} = \frac{V_{油}}{V_{孔隙}}$$

式中:$S_{r油}$——含油饱和度;

$V_{油}$——油砂中油的体积(通过含油率计算);

$V_{孔隙}$——油砂孔隙体积。

⑧ 含水饱和度:

$$S_{r水} = \frac{V_{水}}{V_{孔隙}}$$

式中:$S_{r水}$——含水饱和度;

$V_水$——油砂中水的体积（通过含水率计算）。

⑨ 含油饱和度、含水饱和度的测定也可采用加拿大直接检测技术进行。

三、渗透率的检测

（一）概述

渗透率是多孔介质的一种性质，是允许流体通过能力的度量。油砂经洗油后就是一种多孔的介质，油砂渗透率的检测，是对油砂矿体开采的重要数据。

（二）矿体顶、底板渗透率的检测。

检测方法采用 SY/T6385—1999《覆压下岩石孔隙度和渗透率测定方法》，压力水据根据地层深度由地质人员提供，其样品检测委托具有甲级资质的权威石油地质实验室检测。

（三）油砂矿体的渗透率

油砂矿体采用水平渗透率的检测。因油砂经洗油后，砂的胶结程度不好，不能在渗透率仪上直接测定。在洗油前采用孔隙度样品加工的方法，对样品采用热缩聚氯乙烯套管。上、下底端加金属纱网、滤纸封闭，将其进行保护，再抽提洗油，通过试验来确定其检测流程。

四、粒度和矿物成分分析

（一）油砂的粒度分析

砂的粒度检测采用 SY/T5336—2006《岩心分析方法》7.3"粒度分析"，SY/T5434—2009《碎屑岩粒度分析方法》对具有代表性的样品进行铸体薄片鉴定，对粒度及其孔隙特征进行检测，采用方法 SY/T6312—2004《岩石粒度和孔隙特征的测定图像分析方法》。

（二）油砂的矿物成分分析

砂的矿物成分主要确定砂碎屑和胶结物成分，主要采用 SY/T5163—1995《沉积岩黏土矿物相对含量 X 射线衍射分析方法》。

（三）油砂岩的化学成分分析

砂样进行粉碎后采用 DZG93—05《非金属矿分析规程》和 SY/T5161—2005《岩石中金属元素原子吸收光谱测定方法》进行岩石分析。

五、油砂油的测试分析

（一）油砂油的密度分析

油砂油的检测执行 GB/T1884—2000《原油和液体石油产品密度实验室测定

方法》国家标准。

（二）油的黏度分析

油砂油的黏度检测执行 SY/T6316—1997《稠油油藏流体物性分析方法、原油黏度的测定》及 GB265—1998《石油产品运动黏度测定法和动力黏度计算法》并以有 10℃ 为阶梯，连续从 10℃ 到 80℃ 测定温曲线。

（三）油砂油的有机成分分析

油砂油的族组分分析是评价油砂油的重要指标。

油砂油、稠油中的沥青只用正乙烷沉淀，其滤液部分通过硅胶氧化铝层析柱，采用同极性的溶剂，一次将其中的饱和烃、芳香烃和胶质组分分别淋洗出挥发溶剂，称量恒重，求得试样中各族组分的含量。饱和烃和芳香烃之和称为总烃含量，它是有机质丰度的指标。

实验室采用 SY/T5119—2008《岩石中可溶有机物及原油族组分分析》的分析方法。操作规程见以上标准规范。

（四）油砂油的化学成分分析

油砂油、稠油的元素分析，主要元素为 C，H，S，N，O 以及确定 C/H。

采用的分析标准是 GB/T19143—2003《岩石中有机质中碳、氢、氧元素分析方法》。

（五）油的金属元素分析

油砂油、稠油金属元素检测主要是钒、镍元素，是炼油加工重要指标。

本室采用 GB/T18068—2001《原油中铁、镍、钠、钒的测定原子吸收光谱法》。

六、水质分析

水质分析的目的主要是为油砂在开采过程中，对注水和污水处理及地表和井下设备的腐蚀、结垢等问题提供分析数据。

其主要分析项目为：

阴离子：CC^-，SO_4^{2-}，HCO_3^-，CO_3^{2-}，F^-；

阳离子：Na^+，K^+，Ca^{2+}，Mg^{2+}，Ba^{2+}，Sr^+，Fe^{2+}；

一般参数：pH 值、碱度、总溶解固体量（TDS）、悬浮固体量总量（TSS）、溶解有机碳（DOC）、油气和油脂的测定（THC）。

有机污染类成分的测定有苯、多环芳烃、环酸。此项只对有污染的水质测定。

水质分析的采样、保管、分析方法，执行 SY/T5523—2006《油田水分析方法》、SY/T5329《碎屑岩油藏注水水质推荐指标及分析方法》。

第六节 油砂资源评价方法

一、油砂资源计算方法

（一）计算方法

目前，油砂矿资源量计算方法有多种，其中常用的方法是容积法。由于地表出露油砂的特殊性，因而重量法使用的也较多，如加拿大阿尔伯达（Alberta）油砂矿就常采用此方法计算其沥青储量。对于勘探程度较低的地区，可以使用地质类比法。当然其他适用于常规石油的计算方法，也可有选择进行应用。

1. 容积法

容积法的实质是计算油层孔隙空间内的油气体积，然后用地面体积单位或重量单位表示。具体计算公式为：

$$Q = V \cdot \Phi \cdot So \cdot \rho_o / B_o$$

式中：Q——原油资源量（t）；

V——油砂体积（m^3）；

Φ——油砂的孔隙度；

So——油砂的含油饱和度；

ρ_o——地面脱气原油的密度（t/m^3，通常看作 g/cm^3）；

B_o——地下原油平均体积系数（无因次）。

注：地下原油平均体积系数 B_o 的取值，对于已埋藏较浅的油砂，则可取值 1.0（无因次），否则按实测值计算。

需要指出的是，容积法计算资源量的精度取决于地质的研究程度，在系统的地质研究和分析测试基础上，尽量搞清各种参数的各油砂层的分布，多层的可逐个地对每一单层的资源量进行计算，最后累加即为整个油砂矿的资源量。

2. 重量法

重量法是根据油砂中原油的重量百分含量进行资源量计算的方法。具体计算公式如下：

$$Q = V \cdot \rho_s \cdot \omega$$

式中：Q——原油资源量（t）；

V——油砂体积（m^3）；

ρ_s——油砂密度(t/m^3,通常看作 g/cm^3);

ω——油砂中原油重量百分含量(小数)。

同样,存在多层油砂时,可使用上述公式对每一油砂单层进行计算,然后累加获得总的油砂资源量。

3. 油砂可采资源量计算方法

计算可采资源量前必须先确定出油砂矿适用的开采方法,因为不同的开采方法采收率相差太大,如采用露天开采则采收率超过90%,而采用地下常规开采方法的油砂采收率一般不会超过70%,因此在计算可采资源量时,开采方式应显得特别重要。

$$可采资源量 = 地质资源量 \times 可采系数$$

本报告主要采用重量法来计算油砂资源量,在没有含油率的情况下,则采用容积法计算。当两种方法计算有冲突时,则以重量法计算的油砂资源量为准,以便于对比和评价。

4. 关键参数

(1)油砂含油率 $\omega_1(wt\%)$ 和含油饱和度 S_o。

油砂含油率是就是油砂中油的重量百分含量,是评价油砂资源的重要指标。目前国外以化学方法测定含油率是应用改良式索氏抽提法。

含油饱和度是指油砂中原油体积所占油砂储层孔隙体积的百分数。

(2)油砂面积

油砂面积通过露头资料、钻井资料、地层产状和地球物理资料等,结合边界品位而估算出来的或类比法获得。

(3)油砂厚度

油砂厚度通过露头资料、钻井资料和地球物理资料等取得或类比法获得。

(4)孔隙度

孔隙度是指岩石孔隙体积占岩石总体积的百分数。在得不到含油率数据,而有含油饱和度数据时,通过孔隙度与含油饱和度来计算油砂资源量。

(5)技术可采系数

技术可采系数是将地质资源量换算成技术可采资源量的关键参数。

2. 参数选取与方法选择

(1)参数选取

对于露头油砂,与油砂资源计算有关的参数有:油砂出露层数及厚度、地表延伸长度、出露面积、油砂层产状、含油率等。其中,除含油率是通过野外取样经室内分析确定外，其余几项参数均可从野外直接获得。

从地表至 500 m 埋深，油砂层的延伸、厚度及层数都有可能发生变化，这就需要通过研究油砂分布区的石油地质特征，借助探井及邻区等相关资料，间接获取计算参数。

（二）计算方法选择

考虑到不同埋深的油砂的分布特点及开采方式的差异，对 0～100 m 和 100～500 m 油砂可根据所拥有参数情况采用不同的计算方法。

（1）0～100 m 埋深油砂资源量计算

采用重量法，在没有含油砂率数据时可采用容积法。

（2）100～500 m 埋深油砂资源量计算

主要采用容积法，在具有含油率数据时，推荐采用重量法。

具体计算方法可从下例单个含油砂构造油砂资源量的计算得以说明。

以背斜构造为例。假设某一含油砂构造单油砂层的横剖面如图 2.9A 所示，图 2.9B 是该油砂层的立体结构示意。通过油砂产状与埋深值的计算，将该油砂层转换为平面展布。按 100 m 埋深计，转换后，该背斜单翼油砂层的横向宽度为 $L = 100/\sin\alpha$，再利用油砂层厚度值、背斜长轴中含油砂的长度值，即可得到该层油砂 0～100 m 的资源量。

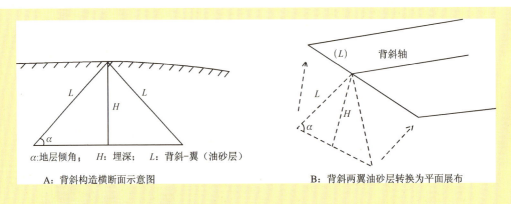

α:地层倾角；　H:埋深；　L:背斜-翼（油砂层）

A：背斜构造横断面示意图　　　　　　　　B：背斜两翼油砂层转换为平面展布

图 2.9　油砂资源计算体积参数转换示意图

利用同样的方法对 100～500 m 的油砂资源进行预测，但计算参数主要借助探井等资料（进行过钻探的构造）或与相邻的构造或地区类比获得，如图 2.10 所示，含油砂层 A、B 出露地表，油砂层 C、D 的计算参数则通过横向的对比和类比间接获得。

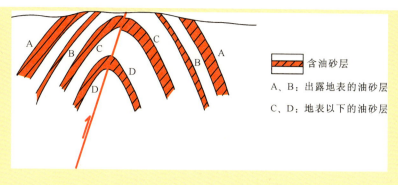

图 2.10　油砂层纵向分布示意

二、评价内容与评价流程

油砂作为非常规油气资源,其矿产的赋存状态及开发开采方式具有固体矿产的特征。这种双重特性要求油砂资源评价既要考虑固体矿产资源评价特点,又要考虑常规油气资源评价特点。

总体按照国土资源部《油砂资源评价实施方案》要求的评价内容及流程进行:

(一)评价内容

1. 地质特征分析

地质特征包括地层特征、构造特征、储层特征及可能的烃源岩和盖层。

2. 资源量计算

按油砂含矿区、盆地(地区)二个级别分别计算汇总油砂地质资源量、油砂可采资源量。

3. 不同品级特征的资源量

在评价过程中,按油砂含油率 3‰～6‰,6‰～10‰,大于 10‰三个级别分别统计不同品级特征油砂的资源量。

4. 不同深度分布的资源量

本次评价埋藏深度 0～100 m 深度范围的油砂资源量。

5. 不同地理环境的资源量

本次资评的地理环境划分为:平原、丘陵、山地、沙漠、黄土塬、高原、戈壁、湖沼等。

6. 经济技术可行性分析

结合油砂矿地质特征,参照国外油砂开采时经济评价方法,根据我国油砂实际情况,对我国各盆地油砂进行经济技术可行性分析,最终对各盆地油砂资源进行综合分类。

(二) 评价流程

1. 资料准备

进行基础数据和资料的准备。包括露头、钻井、地球物理、分析测试等数据和资料，从地层、构造、储层等方面，进行收集、整理和汇交。

2. 地质分析

运用现代地质理论和必要测试分析技术，研究油砂成矿的区域地质背景分析、地层层序、盆地时代、盆地的位置、盆地演化、储层特征及成藏条件，最终总结油砂形成规律。

3. 评价单元划分

评价单元的划分是在对油砂资源及其产出的地质构造环境都有了基本分析的基础上进行。盆地内分为油砂含矿区和盆地二个级别，以油砂含矿区为基本评价单元进行。

4. 油砂成矿条件及成矿规律研究

选择高勘探程度地区进行油砂成矿条件及成矿规律研究。研究内容包括：构造、地层、沉积、储层、油砂特征、埋深、含油率、孔隙度、渗透率、资源量等。

5. 评价方法选择

根据不同地区的勘探程度和所拥有的数据不同选用合适的资源计算方法。

6. 评价单元参数研究

在地质评价基础之上，根据地质研究程度和评价方法，提取评价参数。所用参数要具有相对独立性，并客观反映油砂地质条件。油砂的评价参数包括：孔隙度、含油率、厚度、面积、埋藏深度。总结基本地质规律，掌握参数在不同评价单元的特征。

7. 评价单元资源量计算、合理性分析和结果汇总

根据评价单元勘探程度的不同选用不同的资源量计算方法，计算各评价单元资源量。检查原始资料和数据的准确性、评价方法的适用性、评价参数的合理性、评价过程的科学性，对评价结果进行合理性分析。分区、分层系、品级和深度，对油砂资源评价结果进行综合汇总。

第七节　油砂勘探基本规范

一、野外地质调查规范

(一) 野外取样规范

1. 采集 5 类样品

① 油砂样；

② 油样；

③ 储层物性样；

④ 油砂力学性质样；

⑤ 油砂分离、合成油试验样。

2. 样品要具有代表性

油砂样在露头新鲜面、探槽、探坑及浅井中取（探槽应挖至风化基岩 0.3 m，刻槽取样；埋深小于 2 m 时，可用洛阳铲凿洞取样）。

3. 采样应编号记录、归位、测坐标

（二）油砂矿的勘探工作规范

参照油气勘探规范和油砂的实际地质特征，将油砂勘探阶段划分为预探、普查和详查三个阶段，每个阶段的勘探目地和勘探方法见表 2.9。

表 2.9　油砂矿勘探阶段与方法

勘探阶段	预探	普查	详查
主要目的	① 了解油砂矿地质条件； ② 推测油砂矿规模； ③ 有无前景	① 基本搞清油砂矿地质条件及控制因素； ② 估算油砂矿资源量； ③ 了解开采经济技术条件； ④ 有无规模	① 搞清油砂矿地质条件及控制因素； ② 计算油砂矿储量； ③ 评价开采经济技术条件； ④ 开发可行性建议
主要调查方法	① 物化探； ② 预探井； ③ 测井； ④ 少量采样	① 普查井，1 600 m 间距； ② 测井； ③ 取 5 类样品（油砂样、油样、储层物性样、油砂力学性质样、油砂分离和合成油试验样）	① 详查井，800～400 m 间距； ② 测井； ③ 普查基础上增加取样数量； ④ 综合地质研究
备注	有前景进行普查	有规模进行详查	

预探阶段是某地区利用瞬变电磁法或油气自电法进行了油砂勘探，结合油砂化探方法，确定了本区油砂层位置和深度。再通过预探井和测井（包括伽玛测井、电阻率测井、密度测井、中子测井）进行油砂矿层的验证，并获取油砂样品，分析油砂含油率，综合以上工作成果，分析这一地区油砂的前景。

普查阶段是在预探基础上，选择有前景的地区钻探普查井，井距 1 600 m，并进行测井（包括伽玛测井、电阻率测井、密度测井、中子测井、油砂层温度和压力），取得 5 类样品（油砂样、油样、储层物性样、油砂力学性质样、油砂分离和合成油试验样）。钻井液体通常会污染岩芯。当取小直径岩芯样品时，特别要注意这点。取出的芯切成 75 cm 长，两端加盖封闭，并用胶带封好，在现场冷藏。了解油砂层的厚度、分布、品质等,初步估算油砂资源量,确定油砂规模。

详查阶段是针对普查认为有规模的油砂矿,制在 800～400 m,并进行测井(包括伽玛测井、电阻率测井、密度测井、中子测井、油砂层温度和压力),增加 5 类样品的数量,进行分析测试。本阶段要求查清搞清油砂矿地质条件及控制因素、计算油砂矿储量、评价开采经济技术条件、开发可行性建议。

二、地质调查提交的成果

单个矿点需提交的 5 张图、1 张表和 1 份文字小结。

(1) 5 张主要图件:

① 1∶50 000 地质图,见图 2.11。

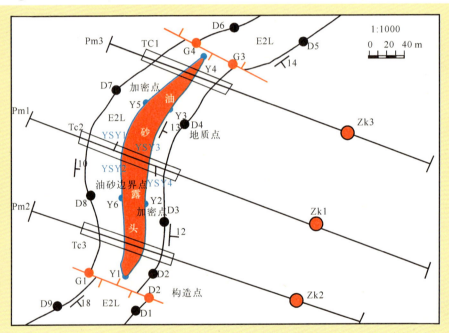

图 2.11　××油砂矿综合地质简图

② 油砂矿地形横剖面图,见图 2.12。

③ 综合柱状图(1∶100),见图 2.13。

④ 油砂厚度等值线图。根据油砂露头测量、赋存状态、沉积相、砂体发育规律、钻井资料等预测油砂矿厚度,见图 2.14。

⑤ 油砂矿顶板埋深等值线图。根据油砂矿赋存状态、产状、地形横剖面、构造图、钻井资料等预测油砂矿顶板埋藏深度,见图 2.15。

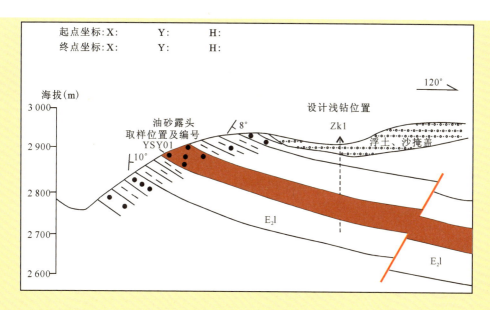

起点坐标:X: Y: H:
终点坐标:X: Y: H:
120°
海拔(m)
3 000
2 900
2 800
2 700
2 600
设计浅钻位置
Zk1
油砂露头
取样位置及编号
YSY01
10°
8°
浮土、沙掩盖
E2l
E2l

图 2.12 ××油砂矿地形横剖面图

地 层
系
组
段
厚度（m）
柱状图 1:200
取样位置及编号
分层岩性描述
备注
1号油砂层
2号油砂层

图 2.13 ××油砂矿综合柱状图

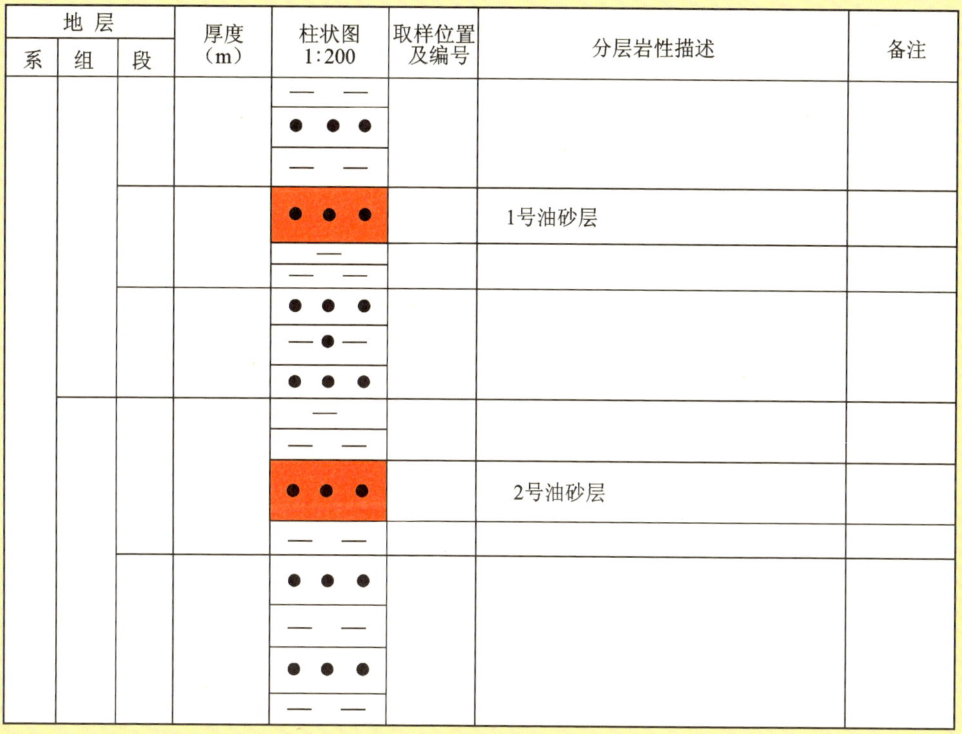

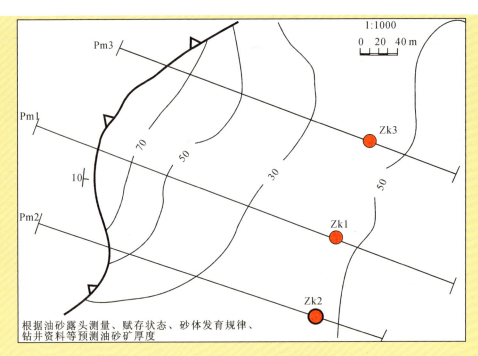

图 2.14 ××油砂矿厚度预测图

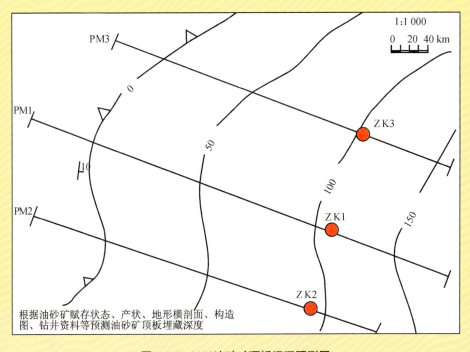

图 2.15 ××油砂矿顶板埋深预测图

（2）一张基础信息及主要参数表（表 2.10）

表 2.10　××油砂矿基础信息及主要参数表

油砂含矿区	层系	面积(km²)	埋深范围(m)	沉积建造	地质研究程度	地貌特征
基础资料	已完成的工作量； 所在盆地构造单元划分图； 评价单元构造特征及有关图件； 交叉方向的区域地质剖面； 综合柱状图； 油砂矿类型及平面分布图； 典型油砂矿剖面图及成藏模式图； 油砂埋深等值线图； 油砂厚度等值线图； 油砂孔隙度等值线图； 油砂含油率等值线图				主要参数	孔隙度(%)； 渗透率(毫达西)； 含油饱和度或含油率(%)； 油砂油密度(kg/m³)； 油砂密度(kg/m³)； 油砂厚度(m)； 油砂面积(km²)； 地层产状

（3）一份文字总结报告

文字总结报告内容包括地层、构造、油砂矿体规模、资源量估算、油砂质量、油砂矿成因及赋存规律、经济技术条件等。

THE THIRD CHAPTER

第三章

油砂开采技术

油砂的开采技术一直以来都是各国研究的重点和难点,特别是加拿大、美国、俄罗斯等经济发达国家,随着油砂和重油地质勘探程度的不断提高,其开采的难度将成为制约世界油砂和重油资源不断取得进展的瓶颈。目前世界上主要有三种油砂开采方法,一是露天开采,适用 100 m 以浅的油砂开采,方法简单、研究程度高,已经形成系统性开采过程;二是巷道开采,适用于 100~300 m 埋藏的油砂开采;三是原位开采,适用 300 m 以深的重质油藏和油砂矿开采,是重油和油砂开采技术中的重点和难点。

第一节　油砂露天开采技术

露天开采是目前世界上油砂开采的主要技术之一,主要用于开采埋藏较浅的近地表油砂,具有回收率高、效率高、安全的特点,缺点是易受矿层产状、埋深制约。露天开采所需要的设备及费用、油砂油采收率较其他方法好,技术上也较为成熟,温室气孔排放量少。加拿大在 1967 年开采了第一个位于 50 m 以内的商业油砂矿。现在露天开采的油砂已经占到加拿大油砂生产的 60%,而受经济限定的可露天开采的油砂占加拿大油砂资源的 10%。

一、油砂露天开采的条件

露天开采的经济可行性主要取决于石油的价格、开采成本、剥采比和油砂含油率。

剥采比:对于规模较大的油砂矿,经济开采剥采比在 1∶1~1.5∶1;对于规模较小的油砂矿,经济开采剥采比在 2.5∶1~3∶1。

含油率：加拿大阿尔伯达，含油率低于6%的油砂一般不予开采；中国内蒙古图牧吉含油率低于8%的油砂也没有开采，中国新疆克拉玛依含油率低于5%的油砂一般不予开采。但在开采富矿时，可以对矿进行筛分，适当掺和低含油率油砂，以提高资源利用率。

设备选型：选用大型挖掘设备及大吨位运输车以提高开采效率。特别是冬季结冰期间，挖掘难度增大，对开采设备及运输设备提出了更高的要求。

二、油砂露天开采的流程

开采程序分为露天采掘油砂—重油沥青抽提—重油沥青改质—废物处理四个环节（图3.1）。

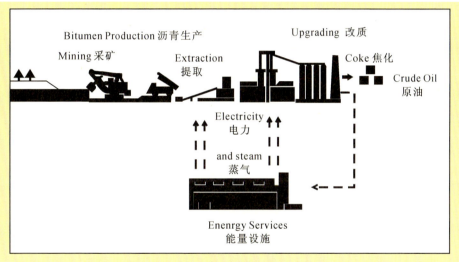

图3.1 Suncor's 现用的油砂作业技术

（一）采矿环节

采矿是首先移开油砂之上的覆盖物，然后通过机械和运输工具开采和运输油砂的过程。随着科学技术的不断发展，现有技术包括：

1. 开采工具

卡车和掘土机已替代作为地面开采主要方法的手轮式挖掘机和拉索挖掘机，目前的趋势是继续开发更大型采矿用卡车和功率强大的掘土机。预计在最近10年内，卡车的牵引载荷能力将达到500 t。相关领域的研究也取得进展，包括轮胎、引擎的设计及牵引车头的设计等。

2. 油砂运输

加拿大 Syncrude 公司是全世界最大的从油砂中生产石油的制造商，其油砂的露天开采技术在世界上处于领先地位,许多技术都是 Syncrude 公司首创的。Suncor 公司原先的作业方法是斗轮式装置采挖油砂,并用很长的输送带运到加工厂,成本高,效率低。现在常用的开采法是用挖土机采砂,用大卡车运到粉碎厂。然后使用"砂浆管线水力输送"(将油砂与热水相混合制成浆液,随后浆液通过管线运送至提炼厂)。砂浆管线将作为矿藏一次运输和开采点与萃取工段长距离低温沥青分离的主要方法,是一项重大技术突破。"新式管线"具有控制流量和分离的作用,它将确保最佳条件、降低能量的需求(图 3.2)。出现区域性萃取厂,开采的矿藏运输到这里进行分离;并出现区域性提炼厂,经提炼后将稀释的沥青运往合适的市场。

图 3.2　砂浆输送工艺技术

3. 滚动开采回填

可移动式矿区采矿技术将是未来主要的突破性技术。这项技术就是将全部采出的矿藏运到提炼厂,然后再把地层砂返回到采矿区。这项技术生产操作范围小,降低项目费用并能满足大提炼厂的需求。同时关于尾矿沉积处理的新"CT"系统的研究一直在进行,同样被称为"黏结"技术的新方法也在研究中。

通过多年的操作和实施,油砂的露天开采技术已经成熟,采收率较高,温室气体排放有限,当上覆层一般小于 50~75 m 时,操作成本为 8~12 美元/桶。

(二) 油砂的分离

热化学水洗法与 ATP 干馏法分离油砂油将会成为未来地面油砂分离的主要方法,其中,仍然以热化学水洗为主。但随着油价的不断上涨,ATP 干馏技术将会有一个飞速发展时期,生产份额将会达到 5%~10%。

1. 热化学水洗法

目前加拿大地面油砂的分离主要是采用热水/表面活性剂,通过热碱、表面活性剂的作用,改变砂子表面的润湿性,使砂子表面更加亲水,实现砂与吸附在上面的沥青分离,分离后的原油上浮进入碱液中,而油砂沉降在下部,以达到分离的目的。

（1）热碱水溶液洗脱法

热碱水溶液洗脱法就是通过含碱的热水将油砂上的稠油（沥青）洗脱下来，然后从洗脱液中回收油砂稠油（沥青）。从提高效率和降低成本的角度已经对热水抽提法进行了改进，改进后的方法主要有温水法、加溶剂助剂法和冷水法等。

（2）热碱水溶液结合表面活性剂洗脱法

表面活性剂可以降低油水界面张力，使原油更易于从砂粒上脱离出来，从而增加洗油效率。同时，由于原油与碱作用可以生成石油皂，而加入的表面活性剂与石油皂能够产生复配增效作用，进一步提高表面活性。有些高效表面活性剂有很高的表面活性，但是成本往往很高。热碱表面活性剂洗脱法的主要优点是投入低、效益高、原油回收率很高、废液处理简单，但是只适合于浅层的水润性油砂。

分离效率的高低是该分离方案成功的关键因素之一。矿山挖掘出的油砂经过传送系统直接运输到分离中心，在输送过程中加入热碱/活性剂以便有足够的时间让化学剂与油砂相互作用形成砂浆，原油乳化脱落，达到与油砂分离的目的，然后进入分离中心进行离心分离，将油砂与液体、油分离，砂子可以通过输送系统再返回矿厂原地以减少环境污染，也可以在专门指定地方存放；液体再经过破乳、提取分离，得到原油与分离出的液体，回收的液体通过补充适当的化学剂用量可以继续重复使用。

2. 有机溶剂抽提法

有机溶剂抽提法就是使用各种溶剂将油砂中的原油抽提出来，并通过蒸馏回收混合溶液中的绝大部分溶剂，并循环应用于抽提过程。有机溶剂抽取法提取油砂中的原油，其优点是对油润性的沥青砂有效，弥补了热水抽提法不能抽提油润性油砂的缺点。但其成本高，能耗大，污染严重，因此很少利用此法进行商业化生产。

3. ATP 热解直接生产轻质油

有关油砂热解分离技术，加拿大阿尔伯特省油砂技术管理局主要思路是实现油砂中重质组分的轻质化，AOSTRA Taciuk Process，简称 ATP 工艺，原理是采用 250℃以上高温进行裂解，经过高温处理后，沥青的质量得到很大改进，分子量变小，胶质、沥青、高温处理过程中发生的最重要的变化就是轻质油的产生。

ATP 技术最初是在澳大利亚用于油页岩加工生产燃料油，Bill TACIUK 先生是该项技术的发明人，20 世纪 90 年代加拿大开始将此技术应用于油砂的开采，由 AOSTRA 和 UMATAC 公司共同开发研究油砂热解可行性研究。

ATP 系统的核心是处理器。油砂进料（Feed）通过传输带进入预加热区（Preheat Zone），加热到 250℃～300℃，出来的是固体和气体。原来油砂中的水和轻质组分变成蒸汽，等待被去除或采收，而结团的块都被融化。预热的油砂通过一个动态的密封口进入反应区(Reaction Zone),与燃烧区(Combustion Zone)循环过来的热残余固体混合进行热交换。在反应区的500℃～550℃温度下,沥青被热裂解并汽化,从而与砂粒分离。从处理器出来的热碳氢化合物蒸汽随后在分馏器中被浓缩,产生裂解的碳氢化合物蒸馏物和气体。裂解反应的一个更深的产物就是反应区的残留砂中的焦炭。这些砂和焦炭通过第二个动态密封口出来,进入燃烧区。在这里,通过注入空气燃烧焦炭来提供处理过程所需的热量。燃烧的焦炭把燃烧区的温度提高到大约700℃。通过非直接的热交换和循环部分燃烧区的固体到反应区,维持着反应区的温度。燃烧区的辅助燃烧器(Auxiliary Burner)提供起始和调节控制所需的热量。热的剩余固体和燃烧气体通过内部圆柱体和处理器外壳之间的环面进入冷却区(Cooling Zone),通过内部圆柱体的壁来释放热量,提供预热区进料所需的热量。冷却的剩余固体从处理器出来以后在抛弃以前要用水淬火,而燃烧气体在离开处理器时除去微粒,经过洗涤以除去硫化物或其他酸性气体。这项技术在过去17年经过了不断的发展和改进,在Calgary东南的ATP试验工厂中已经处理了超过17 000 t油砂和其他含油物质,显示ATP方法在技术上是萃取和初级改质的有效方法。

(三)油砂的改质

油砂改质的趋势是利用综合采矿厂中能源密集型的改质设备技术,而且在加氢操作中依靠氢资源作为原料。改质方面的广泛研究主要是降低单位产品成本,同时改善环境和产品质量。目前正在进行的研究包括:提高能源利用效率的方法、减少有害排放的方法、改质原油提炼的汽车燃料油的排放物特征、对目前的延迟焦化和流体焦化技术进行改进、在氢化处理过程中细粒固体/催化剂的相互作用和流动层系统等。

在改质过程中各种技术革新的一些特殊实例如下:

溶液性转化:一种改质过程,即在减粘裂化炉中加入重油和蒸汽时,利用一定的添加剂,促使蒸汽中的氢转变为油。这种工艺由委内瑞拉发展,而且在奥里诺科重油带内经过测试;

BioARC(生物催化芳环烃裂解):是由油砂研究和发展中心的一个小组提出的项目,通过控制细菌量来有效控制石油原料的降解过程,并以此减少对氢添加剂的需求。

采用部分改质措施可以为大规模改质设备提供有益的基础,但是它们需要能够适应原地项目。这些问题之一就是需要对沥青进行稀释以符合管道运输对密度和黏度的要求。部分改质措施可以满足这些特性要求,既可以在小范围内操作,又能靠近生产设备或是在储层内,这些均是很吸引人的设想。其中,有两个很新的方法如下所述：

（HC)3 或高转化率/氢化裂解/同质催化工艺,由阿尔伯达研究委员会提出,并部分应用于沥青改质;

Waterloo 大学提出的工艺,即将重油处理乳状液,在同一反应器内可以完成脱水和改质任务。

第二节　油砂原位开采技术

原位油砂的开采,是一种通过改变砂粒的润湿性改变沥青和油黏度而进行采油的技术,多数是针对大规模的厚层深埋藏油砂矿藏。目前国际上广泛运用并取得了一定效益的方法包括蒸汽吞吐、蒸汽驱油、火烧油层、注蒸气、冷采等,利用物理、化学、机械的方法。相较露天开采,原位开采具有低采收率、低成本和低污染的特点。这里重点介绍使用最为广泛的几种技术(表 3.1)。

表 3.1　油砂就地开采技术表

开采技术	优点	局限	建议解决方法	应用范围
蒸汽吞吐	采油速度快	采出程度低(20%)	蒸汽吞吐和重力排驱综合使用	不可动油藏
重力排驱	采收率高(50%)	初始产量低		
蒸汽辅助重力驱(SAGD)	改善了原油蒸汽比,采收率高(40%~60%)	初始产量低人工举升水平井技术如何推广到低温低压和底水油藏	开发新的蒸汽开发智能探测设备	应用范围广
冷采	改善油藏利用程度;原油产量高;采油成本低	砂处理;油田开发战略规划;开采程度低	研制一种使超重油可动的低热处理方法;研究冷采后的技术	薄产层不可动油藏
蒸汽浸提法(VAPEX)	能源成本低;具有改进的可能	油田开发战略规划;初始产量低	用加热器-蒸汽热交换器、电或微波	薄产层不可动油藏;底水油藏;反应矿物质油藏
自上而下火烧油藏	具有良好的地下开采潜力;降低二氧化碳排放;成本低	现场相关问题:点火、维持燃烧和低温氧化作用	与 SAGD 联用	深层油藏;底水油藏

一、蒸汽吞吐

蒸汽吞吐技术最早始于 20 世纪 50 年代,目前已经成为油砂和稠油的一种主要开采方式,在国内外已经得到广泛的运用。我国辽河油田、胜利油田、克拉玛依油田的稠油主要是通过蒸汽吞吐的方式开采出来的。该方法主要是通过向油井注入蒸汽,通过一定时间的闷井,使原油粘度降低,增加原油的流动能力,然后开井产油的一种开采方法(图 3.3),该方法在中国技术成熟,成本较低,而且能够适应研究区油层薄,层位众多等特点,针对不同规模的油砂矿藏进行商业开采。

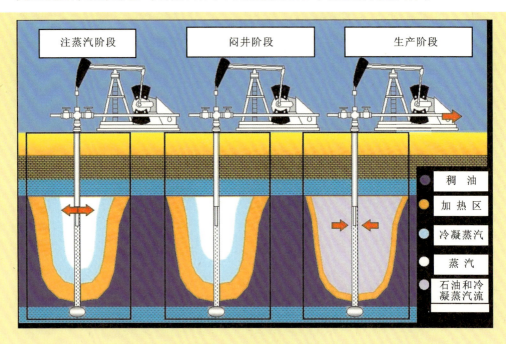

图 3.3　蒸汽吞吐示意图

1. 三个主要阶段

(1)蒸汽注入阶段

将一定干度的高温蒸汽注入油层,注入温度一般在 250℃～350℃,注入量取决于油层厚度,一般在 40～100 t/m,注入量越大,加热半径越大。

(2)闷井阶段

蒸汽注入完成后关井,使蒸汽携带的热量加热地层原油,降低原油黏度,由于稠油的黏温特性比较好,温度升高,原油黏度大幅度降低,增加了原油的流动能力。闷井时间一般在 2～5 d。

（3）采油阶段：闷井完成后，开井生产。开始由于地层压力大，冷凝水及加热的原油大量排出，当井底流压接近地层压力时，必须采取抽取的措施，大部分的油是通过抽取得到的。当油井产量达到经济极限时，此蒸汽周期吞吐结束，开始进入下一轮吞吐周期。

2. 蒸汽吞吐驱油在开采中发挥的主要作用

① 降低原油黏度；

② 高温解堵作用；

③ 降低界面张力；

④ 流体及岩石的热膨胀作用；

⑤ 高温下稠油裂解，黏度降低。

蒸汽吞吐开采技术的特点：低成本（在加拿大地区 4~5 美元/桶）；技术成熟；但是缺点是采收率较低、耗能和增加温室气体。

二、蒸汽辅助重力泄油

蒸汽驱主要用蒸汽降低油砂油黏度，蒸汽不仅包含水蒸气，同时也含烃蒸汽、烃汽与蒸汽一起凝结。罗杰·巴特勒博士于 1978 年首先提出 SAGD(蒸汽辅助重力驱油)，被认为是蒸汽驱的特殊形式。这是一种适用于油砂、稠油和超稠油开采的比较前沿的系统化开发技术，其概念已得到广泛的认可。蒸汽辅助重力驱油具有多种衍生技术，包括水平井蒸汽辅助重力泄油技术（SAGD）、J 型井和重力辅助蒸汽驱油技术（JAGD）、Expanding Solvent—SAGD 技术（ES—SAGD）和 X—SAGD 技术。

（一）水平井蒸汽辅助重力泄油技术(SAGD)

水平井蒸汽辅助重力泄油技术（SAGD）是开发超稠油的一项前沿技术（图3.4），其基本原理是以蒸汽作为加热介质，依靠热流体对流及热传导作用加热，实现蒸汽和油水之间的对流，再依靠原油及凝析液的重力作用采油的方法，采收率可达 60%~80%，是一种潜力很大的超稠油开采方式。根据国内外关于 SAGD 开采方式的调研情况，加拿大石油公司根据 SAGD 研究和现场应用情况给出了适合这种方式开发的油藏条件（表 3.2）。其关键技术主要有三个方面：充足的举升能力；避免气窜和出砂现象的发生；减少油藏的水浸。大致可以分为三个阶段：

① 预热阶段，注入蒸汽形成蒸汽腔；

② 降压生产阶段，蒸汽腔扩大相连通；

③ SAGD 生产阶段，上部水平井注气，下部水平井产油。

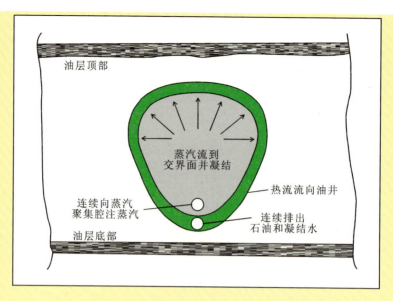

图 3.4　水平井蒸汽辅助重力泄油(SAGD)

表 3.2　加拿大 SAGD 开采法油藏筛选标准

性质指标	SAGD 筛选标准
油层深度/m	<1 000
连续油层厚度/m	>15
孔隙度,%	>20
水平井渗透率/μm^2	>0.50
垂向渗透率/水平渗透率	>0.35
净总厚度比	>0.7
含油饱和度,%	50
地层温度原油黏度/(mP·s)	>10 000

它可以有不同的应用方式:一种是平行水平井方式,即在靠近油藏的底部钻一对上下平行的水平井,上面的水平井注蒸汽,下面的水平井采油;另一种是水平井与垂直井组合方式,即在油藏底部钻一口水平井,在其上部钻一口或几口垂直井,垂直井注蒸汽,水平井采油;第三种单管水平井 SAGD,即在同一水平井口下注入蒸汽管柱及稠油管,通过注蒸汽管向水平井最顶端注蒸汽使蒸汽腔沿水平井逆向扩展。

水平井蒸汽辅助重力泄油技术主要有以下几个特点:

① 利用重力作为驱动原油的主要动力;

② 利用水平井通过重力作用获得相当高的采油速度；

③ 加热原油不必驱动未接触原油而直接流入生产井；

④ 几乎可立即出现采油响应；

⑤ 采收率高；

⑥ 累计油气比高；

⑦ 除了大面积的页岩夹层以外，对油藏非均质性极不敏感。

最近几年来，水平井蒸汽辅助重力泄油技术（SAGD）由于具有采收率高等优点，得到了快速发展：a. 2010 年北京油砂开采技术会议提出 SAGD 作为最成功的油砂开发方法，预热阶段要在 90 d 左右；b. 注入井和生产井之间的温度最小为 60℃，平均压力 2.1 MPa；c. 操作压力在垂向地层破裂压力和原始地层压力之间，如果不存在活动的底水则可以低于原始地层压力。d. SAGD 开采方法注入井和生产井的配置多种多样可灵活调配，另外还可以和化学试剂混合驱动稠油。

（二）其他的 SAGD 开采技术

JAGD 是用 J 型井和重力辅助蒸汽驱油方法，上部注入井一直是水平的，下部是生产井前端的部分，比注入井低几米，后端的部分则设计在油藏的底部，很好地贯通了油藏的不均质部位，从上面看两个井是一条直线，操作方法和 SAGD 相似（图 3.5）。JAGD 关键的优点在于（与 SAGD 相比）：a. 有更多的可开采油（生产井可以降低到油藏底部 2 m 处）；b. 减少蒸汽的使用时间；c. J 型井几乎贯穿了整个油藏，蒸汽波及范围几乎可以达到整个油藏；d. 局部的蒸汽阀控制，更好改进热效率；e. 多样的重力驱替方向（移动的油砂液滴沿蒸汽房边部流动，当蒸汽房直径扩大时平行于井流动）。

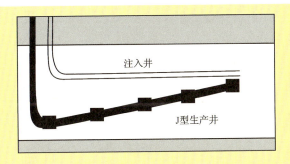

图 3.5　J 型井蒸汽辅助重力泄油（JAGD）示意图

另外，根据发现稠油油藏的不同，还可以在 SAGD 开采方法中加入溶剂或者改变井管的结构，从而创造了 SAGD 变化的新形式，如 Expanding Solvent—SAGD（ES—SAGD）（图 3.6）和注入井和生产井垂直的 X—SAGD（图 3.7）。

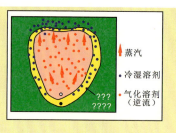

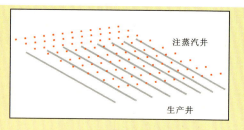

图 3.6　ES—SAGD 示意图　　　　　　图 3.7　X—SAGD 示意图

三、溶剂提取技术

VAPEX 技术(溶剂萃取技术)(图 3.8)由蒸汽辅助 SAGD(重力泄油)方法发展而来。采用 VAPEX 不注入蒸汽,而是注入不冷凝的气体(如甲烷)与挥发性液相溶剂的混合物(如丙烷和丁烷),溶剂溶解到原油中,降低原油粘度,从而实现重油开采。VAPEX 技术不仅克服了 SAGD 技术中气体的锥进和非选择性的加热介质,同时也弥补了开发薄油藏和带底水的重油油藏的技术难题。VAPEX 技术增产机理如下:

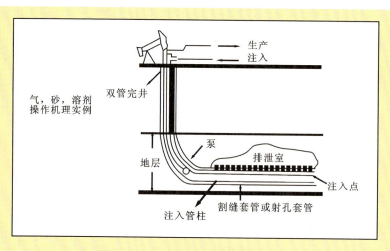

图 3.8　VAPEX 开采技术原理图

① 扩散降粘作用:注入烃类溶剂在储层内的溶解扩散,使得大量的重油黏度降低、流动性增加。

② 选择作用:VAPEX 技术中,注入的烃类溶剂具有很强的选择性,即只溶解在重油中,基本上不溶于水、岩石和上覆盖层。这一优点使得该工艺利用率高、成本相对低、而且环保。

③ 抽提作用:室内试验表明,气态烃类溶剂比液态烃类溶剂更易使重油重质

组分降低,轻质馏分增多,起到一定的溶剂抽提作用,使得重油流动能力增强。

四、火烧油层技术

火烧油层原理是向井下注入空气、氧气或富氧气体,依靠自燃或利用井下点火装置点火燃烧,使其与油藏中的有机燃料(原油)反应,借助生成的热开采未燃烧的重油,燃烧产生大量热量,加热油层和油层中的流体,将油层加热降低原油黏度,火烧油层点火新型工艺监控系统(图3.9)。根据燃烧前缘与氧气流动的方向分为正向火驱和反向火驱;根据在燃烧过程中或其后是否注入水又分为干式火驱和湿式火驱。

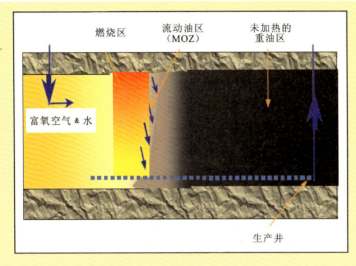

图3.9　火烧油层技术示意图

THAI技术是火烧油层技术的发展,开采方式是将一组水平生产井平行地分布在稠油油藏的底部,垂直注入井布置在距离水平井端部一段距离的位置,垂直井的打开段选择在油层的上部。应用THAI技术时,将在燃烧前缘前面形成一个较窄的移动带,在移动带内可动油和燃烧气将流入水平生产井射孔段。其重要特征是燃烧前缘沿着水平井从端部向根部扩散,并在燃烧前缘前面迅速形成一个可流动油带。该流动油带内的高温不仅可以为油层提供非常有效的热驱替源,也为滞留重油的热裂解创造了最佳条件。加热油借助重力作用迅速下降,到达生产井的水平段,不用从冷油区内流过,从而实现了短距离驱替,避免了多数常规火烧油层(ISC)工艺中使用垂直注入井与生产井进行长距离驱替的缺点;另一方面,生产井中还装有移动式内套筒来进行控制。相对于燃烧前缘,可连续调整内套筒以维持生产井射孔段长度不变。它集成了水平井和加热的方法,改变了火烧油层工艺长距离驱替的缺点,并且具有很高的稳定性。

五、热水驱技术

由于蒸汽与地层油相密度差及流度比过大,易造成重力超负荷汽窜,体积波及系数低,蒸汽的热效应得不到充分发挥,而用热水驱则可有效的减缓这些不利影响,其原理如图3.10所示。热水驱采油的主要机理有:原油受热降粘而引起流度比的改善;原油及岩石体积受热膨胀;降低残余油饱和度和相对渗透率的改善;促进岩石水湿以及防止高粘油带的形成等。

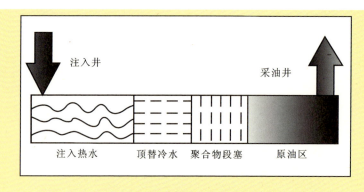

图3.10 热水驱采油技术原理图

热水驱对重油开采的总体效果不如注蒸汽显著,但因其操作简单,与常规水驱基本相同,因此一直被人们所应用,只不过规模小些。有些普通重油油藏进行普通水驱的采收率甚低,对这类油藏推荐采用热水加化学剂(表面活性剂)驱。该方法的主要生产机理在于降低原油黏度及油水界面张力,以及还可能形成水包油型乳化液等,从而提高原油采收率而又减少热耗(与汽驱相比)。此外,针对热水驱的热水窜进及驱油效率不高等问题,还开发出了热水氮气泡沫驱等新技术,进一步提高原油收率。

六、电磁加热技术

有些油藏由于埋藏过深、含有膨胀黏土层、油层薄、孔隙度不均匀或原油黏度特高等原因,不能采用蒸汽吞、蒸汽驱进行开采,这时可以考虑电磁加热技术。

电磁加热技术是通过电流在油层内原生水中传导流动而产生欧姆热来加热油层的。所以,采用电磁加热技术,可以克服注入热流体时初始注入率低,建立流动通道困难,注入流体难以控制,波及效率低等缺点。电磁加热法按其加热机理不同分为电阻加热法、电介质加热法和感应加热法。电磁热采方法具有一些特殊的优点,它不像对地层深部采用蒸汽注入那样极不经济,而且还可以用于渗透率低和由于压力限制而不能使用注入热流体的油层。目前,电磁加热技术主要被用于和注水相结合对油层进行选择性加热。加热的方式分为横向选择加热和纵向选择加热两种。当油藏只含单一油层时,可以采用横向选择加热;当油藏含有多个油层时,可以采用纵向选择加热。以上两种选择加热方法,在实际运用中都可以提高低产出层段的产能,改善油藏开发效果。

电磁加热技术为开采薄层重油提供了一种有效的方法,热效率高、环保并可与其他开发方式联合,缺点是加热半径不大、消耗电能大、投资大。

七、出砂冷采技术

20世纪80年代初期,加拿大的一些小石油公司率先开展了重油出砂冷采技术的探索性矿场试验,并且开采效果良好。它突出的优点是成本低、产能高、风险小,但是采收率低,一般仅为15%左右。重油出砂冷采技术是指在重油开采过程中不注蒸汽、不采取防砂措施而且射孔后直接用螺杆泵开采的一种方法。其渗流过程是一个流固耦合渗流过程,流体质点在多孔介质中流动且对油藏岩土产生载荷作用。当油藏岩土变形超过极限引起岩土质点运动时,会使岩土骨架遭到破坏,部分骨架砂将进入流体成为可动砂,最终在储层内形成大量的"蚯蚓洞",大大改变孔渗关系(图3.11)。此外,在大压差激励出砂的过程中,重油中的溶解气体并未很快溢出,而是与重油形成"泡沫油",很大程度上降低了重油黏度,增加了其流动性。

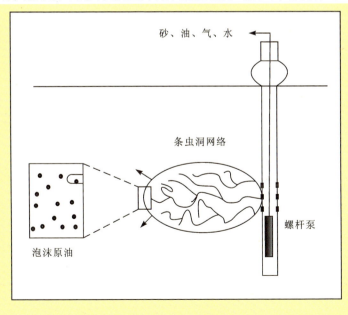

图3.11　重油出砂冷采技术原理图

综上所述,重油出砂冷采技术特点可概括为:a. 不防砂,射孔后直接生产,反而激励出砂;b. 低压力,低于泡点压力,气体没有溢出,而重油以"泡沫油"的形式存在;c. 在不防砂和"泡沫油"的共同作用下形成原油的渗流通道——"蚯蚓洞"。

八、注 CO_2 开采技术

根据实施方法可将注 CO_2 技术分为 CO_2 驱和 CO_2 吞吐两种。

CO_2 吞吐的实质是非混相驱。其驱替机理是使原油体积膨胀,降低原油界面张力和黏度,溶解气驱,驱替吞吸滞后,产生相对渗透率变化,降低残余油饱和度。此外,气态 CO_2 渗入地层与地层水反应产生的碳酸能有效改善井筒周围地层的渗透率,提高驱油效率(图 3.12)。

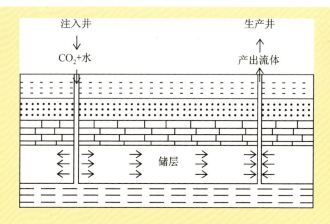

图 3.12 注 CO_2 开采技术原理图

CO_2 驱包含非混相驱和混相驱。注 CO_2 非混相驱开采重油的主要机理是降低原油黏度并使原油发生膨胀,降低油水相界面张力,依靠溶解气驱、乳化作用及降压开采。 CO_2 在重油中的溶解度随压力增加而增大,当压力低于饱和压力时, CO_2 从饱和 CO_2 的重油中溢出从而驱动原油,形成溶解气驱。与 CO_2 驱相关的另一个开采机理是, CO_2 形成的自由气体饱和度可以代替油藏中的部分残余油,使油藏中残余油饱和度降低,最终实现提高采收率的目的。混相驱主要用于稀油油藏, CO_2 易与原油发生混相,高黏度的原油不适合混相驱。

九、微生物开采技术

微生物开采技术是提高采收率的一项新技术,可利用微生物在油藏中的有益作用改善原油的流动性,增加低渗透带的渗透率(图 3.13)。与其他提高采收率的技术相比较,该技术的优点是投资少、效益好、更加环保。该技术的运用主要基于原油乳化机理、降解机理和增油作用等机理：

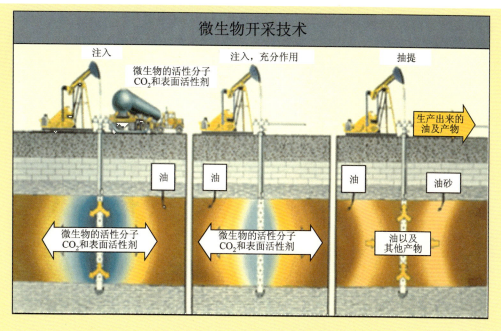

图 3.13　微生物开采技术原理图

①　原油乳化机理。微生物的代谢产物如表面活性剂、有机酸、有机溶剂等，大大降低了界面张力，使得原油流动性增加。

②　降解机理。微生物在地层中的一些代谢产物可以大大降解重油，使得大分子的重油、沥青质被降解，从而大大增加了原油流动能力。

③　增油作用。微生物在地层中代谢产生的烃类气体，不但可以提高地层压力，而且可以有效地融入原油中，形成气泡膜，降低原油黏度，并使原油膨胀，带动原油流动。

第四章

松辽盆地油砂勘探与开发

松辽盆地是我国油砂研究与勘探开发的重要基地之一。油砂主要位于盆缘超覆带地区,地质资源量为 4.75×10^8 t 左右。相比整个中国东部地区油砂地质资源量 5.31×10^8 t,所蕴含的资源量所占比例较大。这里重点介绍松辽盆地油砂含矿区、油砂地质特征、油砂勘探方法、勘探成果和油砂试采。

第一节 松辽盆地油砂地质特征

一、松辽盆地概况及其油砂含矿区分布

松辽盆地是中国东北部最大的沉积盆地。盆地呈北北东向展布,长 750 km,宽 330～370 km,面积约 26×10^4 km²(图 4.1),是断陷和坳陷相叠置的大型复合式含油气盆地,其性质属于克拉通内复合型盆地。

松辽盆地可分为火山—断陷成盆期(J-K1,早中侏罗统、火石岭组、沙河子组和营城组);挠曲—凹陷成盆期(登娄库组、泉头组、青山口组、姚家组合嫩江组);构造反转期(四方台组、明水组、一直持续到 35 Ma)等三个成盆期(王璞珺等,2001)。其中以坳陷期为盆地发育的主要时期。在坳陷期,白垩系砂岩是松辽盆地主要的含油气层(郭军,单玄龙等,2002),其中又以青山口组、姚家组和嫩江组时期的沉积体系和油砂的形成密切相关。青山口组以深湖相暗色泥岩为主,为坳陷层主要烃源岩。姚家组发育浅湖、半深湖和三角洲前缘 3 种亚相,形成松辽盆地多套油层,嫩一、二段半深湖—深湖相厚层暗色泥岩和浅湖相绿色泥岩,将整个姚家组地层覆盖,形成极好的区域盖层。

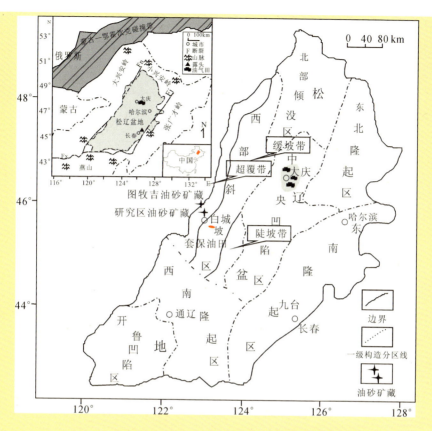

图 4.1 松辽盆地图牧吉油砂含矿区在盆地中所处的位置

经过三个阶段的演化之后,松辽盆地形成了隆凹相间的构造格局(图 4.1),主要包括六个一级构造单元:中央凹陷区、西部斜坡区、北部倾没区、东北隆起区、东南隆起区和西南隆起区。其中以中央凹陷区和西部斜坡区与松辽盆地的油砂和稠油资源密切相关,是松辽盆地油砂的主要含矿区。西部斜坡区目前工作程度较高,油砂主要分布在 0～300 m 以浅,其中埋深 0～100 m 适合露头开采的油砂油地质资源量 1.64×10^8 t;埋深 100～300 m 适合原位开采的油砂油地质资源量 3.11×10^8 t,包括镇赉、图牧吉、套保等几个油砂和重油矿点。目前镇赉矿点油砂矿已经进入原地开采试验阶段。

二、典型含矿区油砂地质特征

油砂的特征包括油砂的岩性特征、储层特征和油砂油地球化学特征。本次研究以松辽盆地西斜坡地区勘探程度较高的镇赉油砂含矿区为例,介绍松辽盆地西斜坡油砂岩性、储层和地球化学特征。

(一)油砂岩石学特征

镇赉油砂矿位于图牧吉和套保稠油油田之间,油砂岩类型较多,包括钙质的细砾岩、长石砂岩、岩屑长石砂岩以及粉砂质泥岩等。其中质量最好、分布最广的是块状构造,分选较好的中、细粒长石砂岩。填隙物主要为钙质胶结物和泥质胶结物,多为隐晶质。长石多发生蚀变,表面粗糙(图4.2(a))。

10×10倍镜,正交偏光

a. 钙质细砂岩,图为石英、长石颗粒,钙质胶结

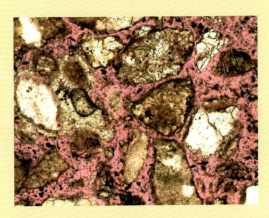

10×10倍镜,单偏光

b. 油砂洗油后铸体薄片(铸体为红色),大量颗间孔发育,连通性好

图4.2　油砂显微照片

(二)油砂储层特征

镇赉油砂含矿区含油砂岩经洗油后制作铸体薄片。镜下观察发现,研究区油砂岩储集空间相对简单,多以粒间孔为主,发育在填隙物之间(图4.2b)。最大孔

径为 0.1~0.2 mm,孔喉配位数为 2~3,面孔率为 15% 左右,孔隙连通性较好。

由于岩石成岩作用较弱,孔隙度条件普遍较好。通过油砂层段样品的物性分析测试,得出油砂岩的孔隙度范围在 5.30%~47.21%,平均孔隙度为 34.14%;渗透率在 $(21.9~2\,460)\times10^{-3}\ \mu m^2$,平均渗透率为 $671.3\times10^{-3}\ \mu m^2$。由于物性条件较好,研究区油砂矿含油率也相应较高。钻井油砂样品测试表明,含油率在 0.058%~16.78%,平均含油率为 8.53%。

(三)油砂地球化学特征

油砂地球化学特征对揭示油砂油有机质来源和形成机制,油砂地表化探有重要作用,本次研究对镇赉油砂矿点钻井油砂氯仿沥青"A"抽提物组分特征、饱和烃色谱-质谱特征进行了研究。

1. 油砂油氯仿沥青"A"抽提物组分特征

通过检测,研究区油砂油氯仿沥青"A"抽提物含量在 8.015%~14.428 4% 之间。进一步进行族组分分离,结果表明,族组分中饱和烃—非烃—芳香烃—沥青质含量依次减少,其中饱和烃含量为 49.33%~41.47%、芳烃含量为 20.67%~22.81%、非烃含量为 29.56%~33.18%、沥青质含量为 0.44%~2.53%。总体来看,油砂油氯仿沥青"A"抽提物具有高饱和烃和芳烃、低非烃和沥青质的分布特征,有机质的特点表现为腐泥型特征。

2. 饱和烃色谱-质谱分析

进一步对油砂油中饱和烃进行色谱-质谱分析(图 4.3)。分析显示,研究区油砂虽然遭受不同程度的生物降解,但三环萜烷并未因其他化合物的降解而表现出明显的优势;而藿烷系列化合物除 17α 藿烷含量较高外,其他藿烷系列化合物均遭到不同程度的降解损失。三环萜烷分布可以作为微生物生油母质的生物标志物,在 WY01-1 样品萜烷的质量色谱图中,三环萜烷分布以 C_{23} 三环萜为主峰,而代表陆源有机质来源输入的 C_{20} 和 C_{21} 三环萜烷含量相对较低,反映了母质来源以中低等生物物质的输入为主。

在 m/z 217 质量色谱图上(图 4.3),抗生物降解的低碳数孕甾烷、升孕甾烷构成强峰。规则甾烷中 C_{29} 甾烷占优势,大体表现为 C_{27} 占 30%、C_{28} 占 20%、C_{29} 占 50%。甾烷分布特征表明原油与中低等植物母源有关。甾烷成熟度参数比值 C_{29} 20S/(20S+20R) 比值为 62.54%,已处于高成熟—过成熟阶段,甾烷 $C_{29}\beta\beta/(\beta\beta+\alpha\alpha)$ 比值为 51.31%,也反映出样品高成熟的特征。

通过测试计算(藿烷+莫烷)C_{29}/C_{30} 为 7.63;r-蜡烷/[C_{31}(22S+22R)/2]值为 0.89,反映了其沉积环境为淡水-微咸水条件的还原环境;$17\alpha(H)$-三降藿烷/18α (H)-三降藿烷(Tm/Ts)在 WY01-1 样品的 Tm/Ts=0.53,也表明油砂原油成熟

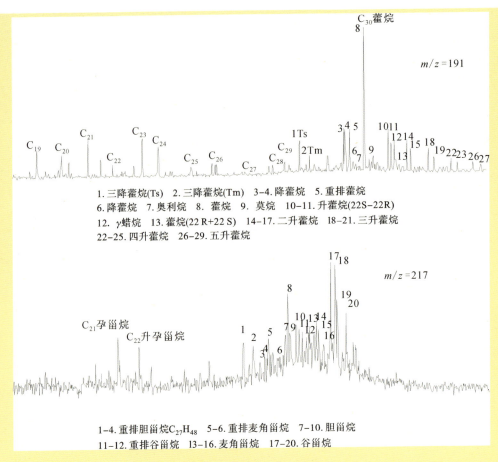

1. 三降藿烷(Ts) 2. 三降藿烷(Tm) 3-4. 降藿烷 5. 重排藿烷
6. 降藿烷 7. 奥利烷 8. 藿烷 9. 莫烷 10-11. 升藿烷(22S-22R)
12. γ蜡烷 13. 藿烷(22R+22S) 14-17. 二升藿烷 18-21. 三升藿烷
22-25. 四升藿烷 26-29. 五升藿烷

1-4. 重排胆甾烷$C_{27}H_{48}$ 5-6. 重排麦角甾烷 7-10. 胆甾烷
11-12. 重排谷甾烷 13-16. 麦角甾烷 17-20. 谷甾烷

图 4.3 油砂油饱和烃色谱-质谱图(WY01-1 井)

度较高;另外,虽然油砂遭受了生物降解,但 C_{31} 藿烷两异构体浓度是以大致相近的
速率下降的,用 C_{31} 22S/22R 比值同样可以指示成熟度,其比值为 1.46,同样一定
程度上反映了油砂中原油成熟度较高的特征。因此,从饱和烃参数分析来看,油砂
原油成熟较高,为淡水—微咸水条件的还原环境沉积(表 4.1)。

表 4.1 饱和烃参数特征表

萜烷参数名称	参数值	甾烷参数名称	参数值
Tm/Ts	0.53	$5a—C_{27}/5a—C_{29}$	0.70
C_{30} Hop. /C_{29} Hop.	3.32	$5a—C_{28}/5a—C_{29}$	0.44
$(C_{29}+C_{30})$ Hop. /$(C_{29}+C_{30})$ Mor.	7.63	$20S/(20S+20R)—C_{29}$(%)	62.54
22S/22R—C_{31} Hop	1.46	$\beta\beta—C_{29}/\sum C_{29}$(%)	51.31

萜烷参数名称	参数值	甾烷参数名称	参数值
r－蜡烷/[C_{31}(22S＋22R)/2]	0.89	$5a－C_{27}/(5a－C_{27}＋5a－C_{28}＋5a－C_{29})(\%)$	32.70
		$5a－C_{28}/(5a－C_{27}＋5a－C_{28}＋5a－C_{29})(\%)$	20.43
		$5a－C_{29}/(5a－C_{27}＋5a－C_{28}＋5a－C_{29})(\%)$	46.88

第二节　松辽盆地油砂勘探

一、松辽盆地西斜坡油砂勘探历程

松辽盆地西部斜坡的油砂资源丰富,是我国油砂研究与勘探开发的重要基地之一。2003 年吉林油田在图牧吉镇西南部钻探浅井 17 口(井深小于 100 m),普查井 19口(井深 100～200 m),见油砂井 2 口,并完成地震骨架剖面 2 条主测线 18 km,一条联络线 19 km。另外,在图牧吉劳改农场收集到 69 口农牧水井资料,其中 12 口农牧水井见油砂显示,主要分布于图牧吉油砂点附近。大庆测井公司在图牧吉地区首先完成了三纵三横为主干骨架的 11 条电法测深剖面,完成电法测深点 412 个。在对测点结果分析的基础上,钻探普查井 64 口,平均井深 50 m,最大井深 83 m。

通过这些研究发现,图牧吉地区有两套油砂,一是嫩一段底部的细粒砂泥沉积地层,二是姚家组的上部砂岩层。油砂层属萨尔图油层组。主要岩性为细粒砂岩,岩石类型为岩屑长石砂岩,其次为长石岩屑砂岩,主要胶结物为泥质、少量钙质。岩石结构松散、胶结差,总体物性较好。砂体主要呈条带状或透镜体状分布。砂体厚度变化趋势与所处的沉积相带密切相关。平面上,同一套砂组的发育程度相差很大,变化频繁。

总的来说,松辽盆地西部西坡油砂普查与研究工作主要集中在 100 m 以浅,而100～300 m 油砂资源的勘探与研究几乎空白,但是该层段又是本区油砂主要富集深度,因此 100～300 m 油砂资源是进一步研究的重点。另外,以往的工作大都停留在对油砂矿藏的描述阶段,对于该地区油砂深层次的地质规律研究相对较少。

二、镇赉油砂矿勘探方法

本次研究在地表地球物理和地表地球化学勘探的指示作用下,发现了研究区油砂矿藏,经过后期钻井、地球物理和化学测试的综合研究,证实了油砂地表异常的勘探效果,完善了油砂的勘探体系,建立了油砂从浅部到深部的勘探方法。

(一) 地表化探

吉林省勘查地球物理研究院于 2007 年在图牧吉油砂矿及其附近进行了地表地球物理化学和地表地球物理的勘探,确定了油气异常区域的范围和位置,并预测了油砂层的埋深。在此基础上进行了钻井和样品的测试工作,取得了显著的勘探效果,成功地对图牧吉油砂进行了开采。进一步在图牧吉的外围发现了具有异常显示的有利区(研究区西部地区)。

朱军平等(2009)在图牧吉及其邻区的地球化学勘探中,发现了研究区西部地区具有两个地球化学异常带,呈带状或串珠状,对油砂矿带具有明显的指示作用,并且选取了研究区主要的直接和间接地球化学指标,计算了指标参数,经后期钻井证实,研究区西部具有多个油砂富集区,和地球化学异常带相对应,成为对油砂地表勘探技术再一次成功地检验,获得了研究区有效的油砂资源。

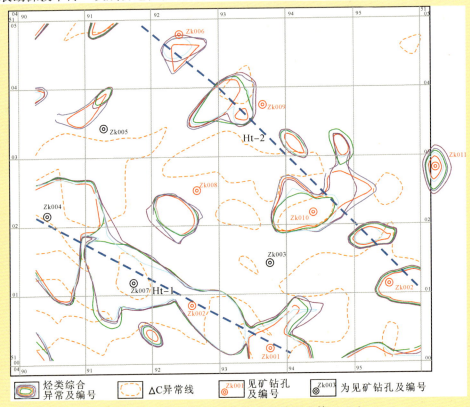

图 4.4　油气化探综合异常图(据朱军平等,2009)

(二) 地表物探

本次研究通过顺变电磁 TEM 试验建立了电阻率与油砂的关系。研究区地层上部为泥岩层,引起低阻正常场,厚度在40~50 m,视电阻率为5~15 Ω·m,推测为研究区油砂层上部的泥岩层;中部地层厚度为50 m左右,视电阻率为15~25 Ω·m,推断为砂岩层;下部地层为异常所在层,厚度为30 m左右,视电阻率为25~100 Ω·m,推断为油砂层;底部地层位于异常所在层下部,厚度为100 m左右,视电阻率为15~25 Ω·m,推断为研究区底部的砂砾岩层,经过后期钻井验证,符合研究区地层沉积特征。

对研究区进行二维电阻率测量,研究发现,其不仅对油砂矿藏埋藏深度具有指示作用,对油砂矿藏的平面分布有利区同样具有良好的指示作用。从瞬变电磁－170 m±2D反演视电阻率等值线图上可以看出,共有两条异常带(图4.5),呈NW—SE方向,并且Ⅰ号异常值较大,后期钻井表明1号地区油砂品位、厚度高于Ⅱ号异常地区;油砂层位的高阻异常带向东南异常规模变大,幅值增高,是研究区油砂层的潜力目标区,后经详查阶段证实,其油砂品位、厚度都要高于瞬变电磁检测区。但是其数值较图牧吉地区要小得多,原因为研究区油砂层埋藏较深,瞬变电磁数值会随着油砂埋藏深度的加深而逐渐变小,因此地面瞬变电磁的方法较适用于浅部油砂的勘探,对深部油砂的勘探具有局限性。

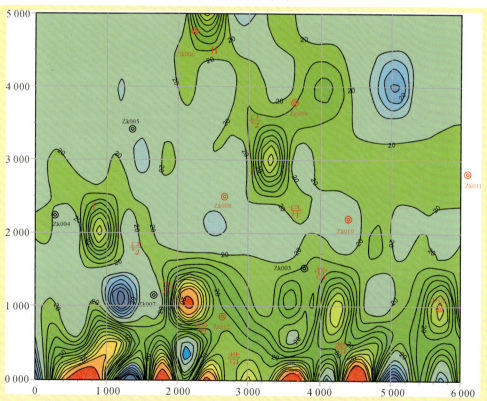

图4.5　研究区地面瞬变电磁－170 m±2D反演视电阻率等值线图(据钟立平等,2008)

(三) 钻井岩心沉积相研究

本次研究在镇赉进行了大量的地质钻探(地质钻井 100 口、水文钻井 17 口),通过岩心观察,详细描述研究区的沉积特征,对预测油砂层的空间展布具有重要作用。

松辽盆地西斜坡镇赉油砂矿区主要发育湖泊、三角洲两类沉积相(表 4.2),油砂岩主要发育在三角洲前缘水下分流河道、河口坝、远砂坝和席状砂等沉积微相中。

表 4.2 研究区沉积相类型及特征

沉积相			沉积特征			
相	亚相	微相	岩性特征	层理构造	粒度韵律	古生物
湖泊	半深湖	静水泥	主要为厚层状灰黑色泥岩	块状	/	贝壳和叶肢介,贝壳为 0.5~1 cm
		浊流	主要为薄层粉砂岩或细砂岩	砂泥混杂	砂泥混杂	
三角洲	三角洲前缘	水下分流河道	中砂、细砂岩为主	槽状交错层理	正韵律	/
		河口坝	细砂、粉砂岩为主	松散砂岩	反韵律、均质韵律	
		远砂坝	粉砂岩为主	楔状交错层理	复杂韵律	
		席状砂	粉砂岩、泥质粉砂岩为主	水平层理和小型交错层理	复合韵律	
		分流间湾	泥岩	块状	/	
	前三角洲	前三角洲泥	泥岩	块状	/	含有少量的贝壳和叶肢介,并且贝壳大都在 0.5 cm 以下
		浊流	砂岩	砂泥混杂	砂泥混杂	

水下分流河道:水下分流河道岩性以灰色中、细砂岩为主,多为松散砂状,成岩作用较弱。发育槽状交错层理,岩心可见明显的正韵律特征,并出现多期河道迁移叠加的现象。该微相为油砂储集的优势微相,是平原环境中分流河道入湖后在水下的延续部分,为三角洲前缘的主体,砂岩中泥质杂基含量极少(图 4.6a)。

河口坝:该区河口坝微相以细砂、粉砂岩为主,粒度较水下分流河道细,大多呈松散的厚层状,层理不发育。以均质韵律和反韵律为特征,为油砂储集的优势微相

（图 4.6b）。

远砂坝：远砂坝以粉砂岩为主，砂岩粒度较河口坝细，发育楔状交错层理，为河口坝远端向前三角洲方向的沉积（图 4.6c）。

席状砂：以粉砂岩和泥质粉砂岩为主，发育水平层理和小型的交错层理，呈薄层的砂泥互层状产出，岩心可见明显的复合韵律，为三角洲前缘末端沉积（图4.6d）。

a. 水下分流河道微相（钻井岩心）
岩性以中砂、细砂岩为主，槽状交错层理发育，正韵律

b. 河口坝微相（钻井取心）
岩性以细砂、粉砂岩为主，松散砂岩，反韵律、均质韵律

c. 远砂坝微相（钻井岩心）
岩性以粉砂岩为主，楔状交错层理，发育复杂韵律

d. 席状砂微相（钻井岩心）
岩性以粉砂岩、泥质粉砂岩为主，水平层理和小型交错层理发育，复合韵律

图 4.6　油砂优势沉积微相特征

（四）测井识别

研究区大部分钻井为非全取芯钻井。因此，通过全取芯钻井，研究油砂层、沉积相的测井识别，对全区油砂的勘探具有重要作用。

1. 油砂层的测井识别

（1）通过测井曲线特征识别油砂

研究区油砂成岩作用弱,物性较好,单层厚度小,含有多层的泥岩隔层以及夹层。在测井曲线上油砂响应特征明显,各种电测井曲线对油砂层的响应特征见图4.7。

自然伽马曲线:用来对泥质含量进行判断。砂岩、砂泥互层、泥岩分别对应放射性低、中、高等级;前两者为齿型、后者为齿化—箱型。齿化说明砂岩泥质或黏土类矿物含量较高,齿状的低、中值部分可解释为以砂岩为主。

视电阻率曲线:用来对含油、水层进行判断。视电阻率高处多有含油显示,对应油层。油层的曲线形态多为齿型—箱型、钟型和锥型。

密度曲线:纯泥岩密度最低,曲线为反指状,粉砂岩密度中等,曲线形态为齿状,由细砂—中砂岩到砾岩密度明显升高。

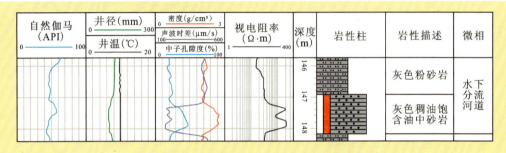

图4.7 稠油层测井曲线特征(zk2400)

(2)测井交会图法识别油砂

油砂和稠油在自然伽马、电阻率、密度、声波时差和中子孔隙度等数值特征方面,均与不含油砂岩和泥岩有明显的区别(表4.3)。其中稠油和油砂自然伽马值中等、电阻率值较高,密度介于不含油砂岩和泥岩之间,声波时差值中等。利用中子孔隙度—声波时差(图4.8),中子孔隙度—密度(图4.9),声波时差自然伽马曲线交会图(图4.10),可以定性识别泥岩、砂岩、油砂、稠油。

表4.3 油砂、稠油、砂岩、泥岩测井曲线的分值区间

测井曲线 岩性	自然伽玛 (API)	视电阻率 (Ω·m)	密度 (g/cm³)	中子孔隙度 (%)	声波时差 (μs/m)
不含油砂岩	40～60	20～40	2.1～2.6	20～35	200～400
稠油	50～80	40～60	2.2～2.6	35～45	100～300
油砂	50～90	40～60	1.9～2.4	15～25	300～500
泥岩	80～100	0～20	1.7～2.2	15～25	400～600

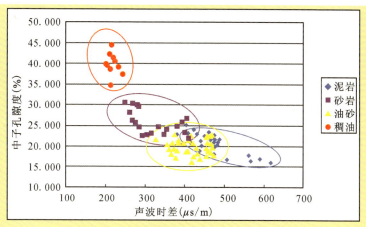

图 4.8　声波时差与中子孔隙度交会图

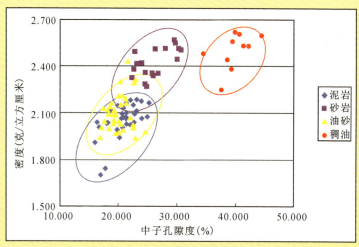

图 4.9　中子孔隙度与密度交会图

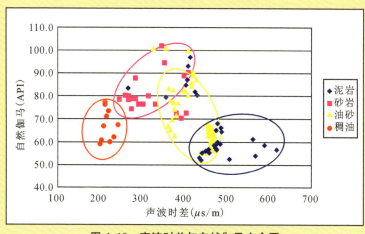

图 4.10　声波时差与自然伽马交会图

（3）储层识别计算模型

① 泥质含量模型：主要是利用自然伽马曲线来计算泥岩含量，此次论文研究 I_{sh} 大于 40% 时测井处理和解释认为非储层段或泥岩层段。

$$I_{sh} = \frac{GR - GR_{sh}}{GR_{\max} - GR_{\min}}$$

其中 I_{sh} 泥岩指数，GR、GR_{sh} 和 $GR_{\min}$ 分别为泥质砂岩、泥质（最大值）和骨架（最小值）的自然伽马射线强度。

② 孔隙度模型：首先根据密度测井计算孔隙度 ϕ_D，

$$\phi_D = \frac{\rho_{ma} - \rho_b}{\rho_{ma} - \rho_{mf}}$$

其中 ρ_b，ρ_{ma} 和 ρ_{mf} 分别为泥质砂岩、纯砂岩骨架和孔隙流体的密度值，单位为 mg/cm³。

其次根据中子孔隙度计算孔隙度 ϕ_C，

$$\phi_C = \frac{\phi_{Nma} - \phi_b}{\phi_{Nma} - \phi_{Nmf}}$$

φ_N，φ_{Nma} 和 φ_{Nmf} 分别为泥质砂岩、纯砂岩骨架和孔隙流体的密度值。

最后是对计算的单孔隙度值进行加权平均计算得出最终的孔隙度 φ（公式 4）：

$$\phi = \mathrm{sqrt}(\phi_D^2 + \phi_C^2)/2$$

③ 含水饱和度模型：利用公式(5)计算含水饱和度，此次论文研究含水饱和度在 40% 以上为水层，即含油饱和度 60% 以上为油层：

$$S_W = (a \cdot R_w \phi^{-m}/Rt)^{1/n}$$

其中 m 为胶结指数，n 为饱和度指数，a 为岩石的离子容（在单位体积孔隙溶液中已完成的双电层内层的最大粒子数单位克当量/升），一般情况下取 $m = 2$，$n = 2$，$a = 1$。

Rt 为测得的视电阻率，ϕ 为上述模型中测得的孔隙度，R_w 为测得的含水层电阻率，通过视电阻率和中子孔隙度交会图的方法求得为 0.3。

④ 油砂层划分：以上模型的建立为油砂层的划分奠定了基础，根据建立的泥质含量、孔隙度和含水饱和度曲线可以把油砂层划分为差油层和主力油层两种类型（图 4.11），主力油砂层的泥质含量小于 40%，含水率低，孔隙度大于 20%，当其

中一个条件不满足时即为差油层。

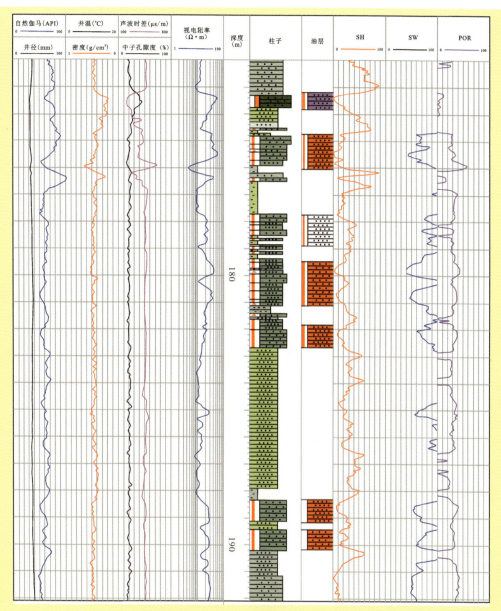

备注：红色为主力油层，白色为差油层，紫色为测井未识别的稠油层

图4.11 测井解释综合柱状图

2. 沉积相的测井识别

在空间上，沉积相带的划分对油砂储层的平面分布预测十分重要。单井沉积

相带的识别是沉积相空间预测的基础。油砂储层在三角洲前缘背景下的有利微相为水下分流河道、河口坝、远砂坝和席状砂等，下面介绍他们的测井识别模式（图4.12）。

（1）水下分流河道微相

岩性多为中—细砂岩，正粒序，底部岩性粗，储层物性好，含油率高。从底部到顶部储层物性变差，含油率逐渐降低。因此，下部为主要的储油砂体。这些特征表现在测井曲线上，造成视电阻率曲线为钟型，自然伽马曲线为反向锥型，其他曲线没有明显特征（图4.12a）。

（2）河口坝微相

沉积粒度比水下分流河道稍细，为大段厚层砂岩。岩性以细砂岩和粉砂岩为主，粒序变化多为反韵律和均质韵律，泥岩夹层较少，储层物性好，含油率高。在反韵律中，上部物性条件好，为主要的储油砂体。在测井曲线上视电阻率曲线多为漏斗型或箱型；自然伽马曲线多为反向箱型；其他曲线特征不明显（图4.12b）。

（3）远砂坝微相

沉积物粒度较细，以粉砂岩为主，夹有部分泥岩隔层。在测井曲线上视电阻率曲线多为钟型或漏斗型；自然伽马曲线多为反向钟型或漏斗型，具有齿化现象；声波曲线和自然伽马曲线相似呈反向钟型或漏斗型；密度曲线、中子孔隙度曲线和视电阻率曲线相同，多为钟型或漏斗型（图4.12c）。

（4）砂微相

为三角洲前缘最远端沉积，多以粉砂岩和泥岩薄互层沉积，受河流和波浪双重作用，多呈复合韵律，在测井曲线上视电阻率多为微幅齿型，其他曲线特征不明显（图4.12d）。

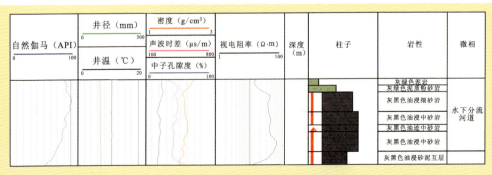

a. 水下分流河道微相测井相特征

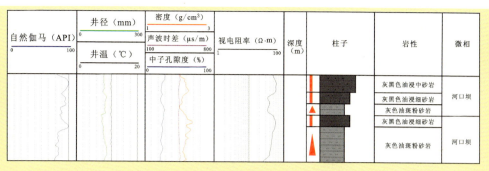

b. 河口坝微相测井相特征

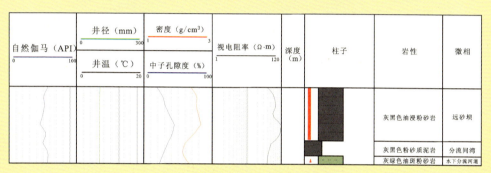

c. 远砂坝微相测井相特征

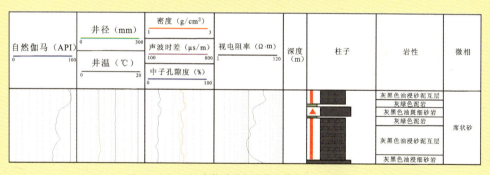

d. 席状砂微相测井相特征

图 4.12 沉积微相的测井响应特征

三、镇赉油砂矿勘探成果

（一）有利沉积相带平面分布

在单井沉积相划分的基础上，统计单井油砂层的沉积微相厚度，利用优势相法则预测油砂沉积相的平面分布（图 4.13）。由图可见，水下分流河道是主要沉积类型，成片分布。河口坝和远砂坝沉积微相多呈鸟足状或手指状，在其两侧或前端分布席状砂微相。

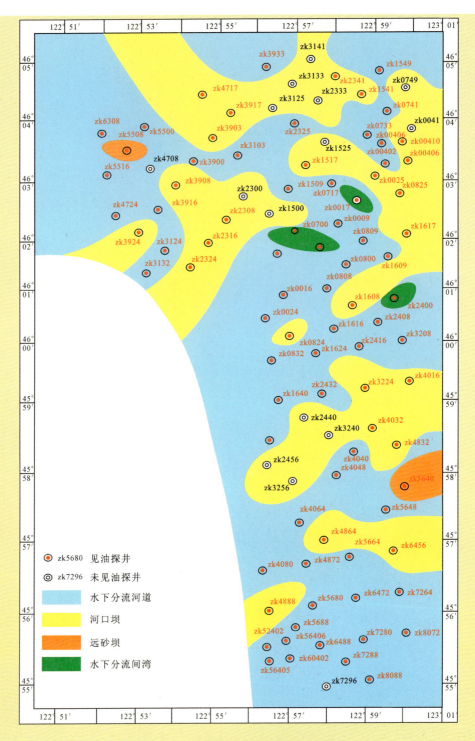

图 4.13 研究区油砂层沉积微相平面图

（二）油砂层平面刻画

在研究区 100 口钻井资料的基础上,利用沉积相平面预测的约束,可进行油砂埋深、厚度和砂地比等的平面刻画,用以定量描述油砂的分布特征。

1. 油砂埋深平面刻画

由于本区油砂层数众多,因此将位于最浅部的油砂层视为油砂储层顶深。研究区油砂顶深范围为 19.72～213.66 m,平均深度为 178.70 m(图 4.14);底深范围为 144.2～217.71 m,平均深度为 187.40 m(图 4.15)。油砂埋深从西北方向东南方向逐渐加深。

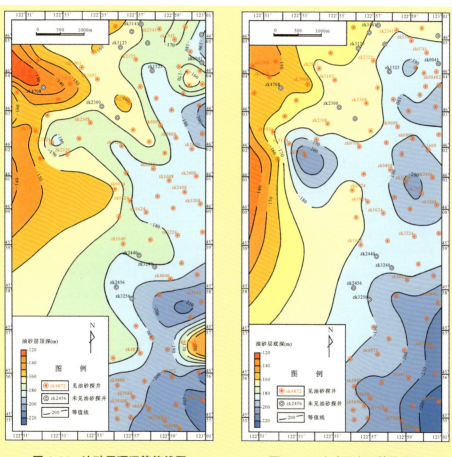

图 4.14 油砂层顶深等值线图　　**图 4.15 油砂层底深等值线图**

2. 油砂层厚度平面刻画

砂体厚度在 22.24 m～99.09 m,平均厚度为 56.93 m,厚度从西北向东南逐渐变薄(图 4.16)。单井砂地比范围在 0.24～0.79,平均值为 0.45。西北地区具有多个砂地比较高的区域(大于0.6),东南地区具有多个砂地比较低的区域(小于0.3)(图4.17)。油砂层累计厚度在0.15～8.59 m,平均厚度为2.61 m(图4.18)。根据油砂层累计厚度研究区内可以识别出3个具有潜力的目标区,依次位于中部、南部和东北部。

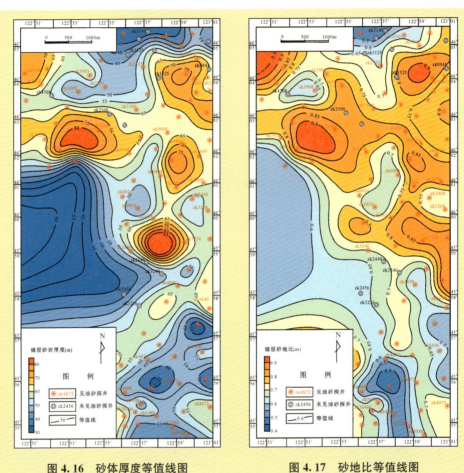

图 4.16　砂体厚度等值线图　　　　　　　图 4.17　砂地比等值线图

3. 油砂层孔隙度平面刻画

通过油砂层段样品的物性分析测试,得出油砂岩的孔隙度范围在5.30%～47.21%,平均孔隙度为34.14%;渗透率范围在21.9～2 460×10^{-3} μm²,平均渗透率为671.3×10^{-3} μm²。油砂孔隙度全区普遍较好,因此不是研究区决定油砂分布的主要因素(图4.19)。

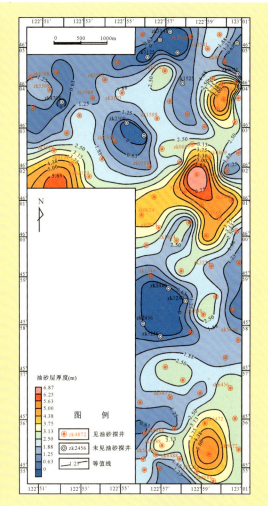

图 4.18　油砂层厚度等值线图

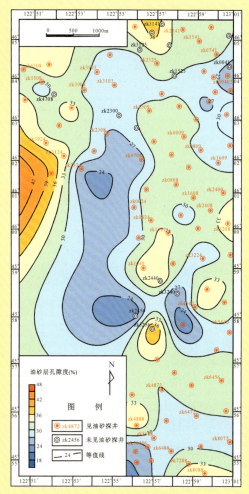

图 4.19　储层孔隙度等值线图

4. 含油率和含油饱和度平面刻画

研究区油砂含油率在 0.058%～16.78% ,其平均含油率为 8.53%;含油饱和度在 1.47%～72.22%,其平均含油饱和度 46.31%。高含油率和含油饱和度油砂主要集中在中部、南部和东北部地区。含油率和油砂层厚度分布图具有很好的相关性,油砂层越厚的地区其含油率相对较高(图 4.20、图 4.21)。

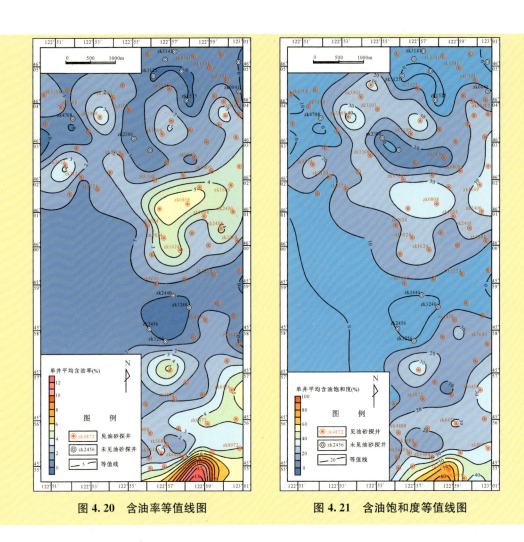

图 4.20 含油率等值线图　　　图 4.21 含油饱和度等值线图

第三节　松辽盆地油砂成藏理论探索

一、油砂成藏的关键因素分析

以往对油砂矿藏成藏条件的研究还停留在常规油气的传统模式中,虽然建立了成熟的研究体系,但是由于忽略了油砂与常规油气的区别,以传统的油气成藏研究体系对油砂的成藏机制进行研究已经很难达到研究油砂成藏机制的要求。因此,本次研究以镇赉油砂矿为例,从含油气系统形成的基本油气地质要素入手,探讨本区油砂资源丰富的原因,并着力解决油砂形成的关键地质条件。

1. 应具有丰富的油源

苗洪波等(2009)和何海全等(2000)对比了镇赉南部套保地区萨尔图油层和齐家-古龙凹陷青山口组和嫩江组烃源岩特征。本文将它们与研究区油砂色谱特征进行了对比(图4.22),发现该区油砂油与套保地区原油以及青山口组泥岩色谱峰特征十分相似。其中研究区油砂和套保原油规则甾烷 $C_{29}>C_{27}>C_{28}$,呈"V型"分布,重排甾烷、4-甲基甾烷含量相对较低,γ蜡烷也较为发育。$C_{31}-C_{35}$升藿烷呈降序排列,说明沉积环境也较为相似,因此可以初步判定研究区油砂源岩为青山口组泥岩。

青山口组烃源岩主要形成于深水-较深水的还原环境,属暗色泥岩,烃源岩厚度大,有机丰度高,母质类型好,且大部分处于成熟阶段,以形成成熟原油和伴生气为主,生排烃潜力大,排烃强度大于 60×10^4 t/km^2,是松辽盆地最优质的烃源岩。在纵向上对下部的扶杨油层、中部的萨葡高油层均有不同程度的贡献,同时也是盆地外围丰富的油气资源形成的基础。本次研究认为青山口组源岩为松辽盆地西部斜坡盆缘带油砂矿藏的形成提供了丰富的油源。只有拥有持续供应的丰富油源才能使油气经过长距离运移散失和油砂在浅部埋藏渗漏、氧化的情况下,还能在盆地的边缘形成油砂矿藏。

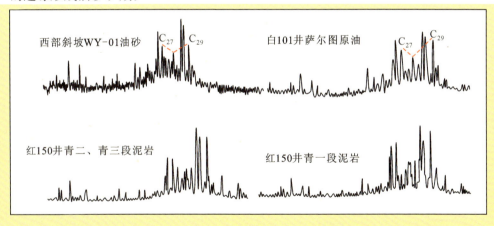

图4.22 镇赉油砂油与青山口组泥岩 m/z＝217 色谱-质谱图对比(据苗洪波,2009,修改)

2. 需要具有快速运移的条件

中央凹陷距离研究区近 100 km,油气运移不仅要经过长距离的缓坡,还有凹陷边部的阶地(坡折带的陡坡带)以及构造应力复杂的挠曲带。而且中央凹陷烃源岩生排烃时间和西斜坡油气聚集时间之间相差较短,推算运移速度达到4.5 km/Ma(向才富、冯志强、吴河勇等,2005)。只有构造运动产生的应力才能促使油气如此快速地运移。松辽盆地经历了两次构造反转运动,第一次是嫩江组沉积末期,第二次是明水组末期—老第三纪初期,产生了强大的挤压应力,形成热事件促使烃源岩生排烃。第二次构造反转强度大，生排烃量多，并且形成了中央凹陷油气向西部斜坡运移的主要动力。另外由于松辽盆地中央凹陷区青山口组和嫩江组泥岩超压作用明显，对中浅层含油层系具有明显的挤压作用，因此泥岩超压产生的挤压作用力也是油气运移的重要来源。

3. 储盖组合具有良好的配置关系

目前稠油（重油）或油砂成因主要可分为原生重油与次生重油两类。原生重油指从烃源岩中排出时形成的高密度、高黏度原油或在运移、聚集过程中因各种分异作用而稠化的产物，这种油砂对生储盖组合的要求不高。次生重油指油藏形成后在后期保存过程中因氧化作用、生物降解作用、水洗作用等稠化而形成的重油，原油性质受稠化作用程度的影响较大。由于需要先形成古油藏，再破坏形成油砂，因此油砂的分布受生储盖及其组合的影响较大，但是由于经历了稠化作用，其保存与储盖和圈闭的关系不大。研究区的油源主要来源于中央凹陷，松辽盆地中央凹陷附近具有大量的常规原油，因此可以判定研究区油砂为次生成因。因此，研究区的储盖配置条件，决定了古油藏的分布，也一定程度上影响了其破坏后经过稠化作用形成的油砂矿藏分布。

经统计，在全区 32 条连井剖面中，识别出完整的泥岩盖层的剖面有 18 条，不完整的泥岩盖层有 6 条，局部盖层的有 8 条，具有完全封堵能力的剖面占据半数，可见研究区储盖配置组合具有一定封堵能力。同时在连井剖面中共识别出 4 种储盖组合关系，其对油砂分布的影响各有不同。

（1）完整泥岩储盖组合

具有完整的泥岩盖层直接覆盖在油砂层之上，能够完全覆盖油砂层，其封堵性能最好（图 4.23）。

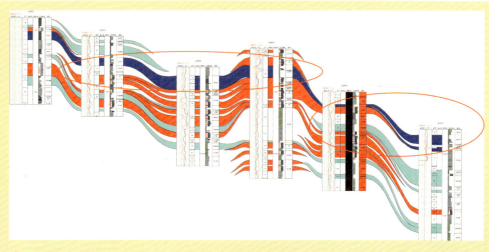

图 4.23　完整泥岩储盖组合

（2）局部泥岩储盖组合

具有局部的泥岩盖层直接覆盖在油砂层之上，不能够完全覆盖油砂层，其封堵性能中等，加上油砂油自身的黏度较高，才能保存（图4.24）。

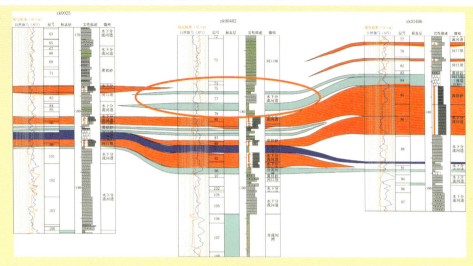

图 4.24　局部泥岩储盖组合

（3）局部砂泥互层储盖组合

具有局部砂泥互层沉积单元直接覆盖在油砂层之上，不能够完全覆盖油砂层，中间的砂体沉积具有一定的运移和储集油气的能力，其封堵性能中等，加上油砂油自身的黏度较高，才能保存（图4.25）。

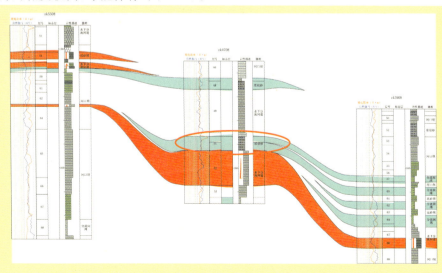

图 4.25　局部砂泥互层储盖组合

(4)"自储自盖"储盖组合

砂泥互层沉积单元完全靠自身的"封堵"性能储集油气。储盖组合中具有物性良好的砂岩能够储集油气,具有封堵性能的泥岩能够封堵油气。其封堵性能中等偏差,主要形成于席状砂微相和三角洲前缘的河口坝滑塌沉积中(图4.26)。

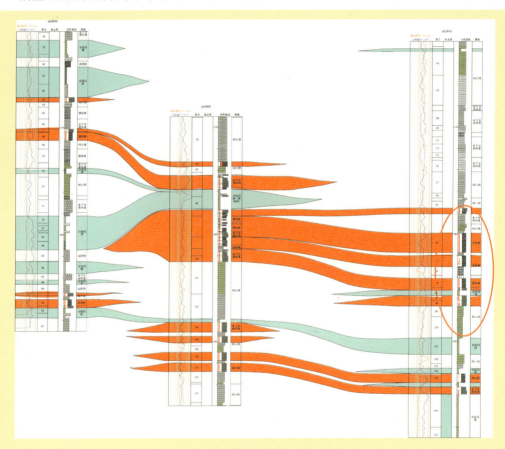

图 4.26 "自储自盖"储盖组合

4. 油砂油黏度的增加是形成油砂的关键条件

研究区虽然有良好的区域性盖层,但是由于沉积地层多遭到抬升剥蚀,对油气保存起到直接作用的局部盖层发育不够完善。局部盖层中的细一粉砂岩将成为油气逸散的窗口,很难起到保存作用。同时,由于埋藏较浅,还受到浅部地层水的淋滤和氧化作用,都会导致油气的逸散。因此,研究区油砂形成的关键是后期的稠化作用,使油砂固定在砂岩中,减少了散失,并使物性较差的细一粉砂岩也具有"一定封堵能力"。下面介绍研究区原油黏度增加的几种方式。

（1）氧化作用

氧化作用指原油与氧或含氧酸盐等物质发生热化学作用或其他作用而使其物性等特征发生变化的过程。前期氧化作用的研究主要认为跟构造作用有关，当发生强烈的构造运动时，油藏会遭到破坏，原油向上散失，发生氧化作用，并且当油气运移至不同的构造位置时，氧化作用程度也不一样。随着越来越多岩性油气藏的发现，原油在运移过程中发生的氧化作用受到了人们的重视，位于凹陷中心的原油沿斜坡向上运移，距离较远，在运移过程中如果没有良好的遮挡及保存条件，容易发生氧化作用，造成轻质组分不断散失，在斜坡边缘形成油砂。

研究区位于松辽盆地斜坡边缘，远离构造运动中心，构造较为简单，能够同时切割盆地基底和上覆地层的断裂也较少，油砂矿藏成藏之后受构造破坏作用较小。但是研究区地层岩性多为松散的砂岩，物性条件较好，埋藏较浅，具有含氧酸盐等发生氧化作用的条件，加之地层水丰富，能够和外界相连通，油气沿西部斜坡运移近百公里，原油很容易置于氧化环境。因此，以上研究区的岩性条件、地层水条件和油气的远距离运移都是原油发生氧化作用有利条件。

（2）水洗作用

水洗作用指在油水界面附近，原油在与地层水的相互作用过程中，其中的轻质组分不断溶解散失，使原油中重质组分不断增多，原油物性变差。目前一般认为水洗作用是稠油形成的重要原因。但油藏中地层水多处于封闭条件下，活动性不强，而烃类物质在水中的溶解能力也极为有限，其作用主要表现在有选择性地去除部分溶解烃类。通常是低分子量烃类优于高分子量烃类、同碳数芳香烃优于正构烷烃。水洗作用主要除去 C_{15-} 馏份，而 C_{15+} 馏分中只有芳烃和含硫化合物可被除去；姥鲛烷、植烷、甾烷、萜烷不受水洗作用影响。因而其单方面的贡献仍较为有限，对原油的稠化作用并不明显。而人们更多关注的主要作用是其能够促进其他稠化过程的进行，如生物降解作用及氧化作用等。

研究区内含水层基本可分如下 3 种类型，即第四系松散岩类孔隙潜水含水层和白垩系碎屑岩类孔隙裂隙承压水含水层、断裂构造裂隙水含水层。与油砂层相关的水层为赋存于上白垩统砂岩、砂砾岩中的孔隙裂隙承压水。累计厚度大于 50 m，富水性较好，单井涌水量为 $100\sim500$ m³/d，属于重碳酸钠钙型水。含水层岩性为粉砂岩、细砂岩、砂岩、砂砾岩层，跟油砂层同一层位，具有相互依存的关系，说明水洗作用对研究区油砂形成起到了至关重要的作用：研究区地层水局部和油砂层接触，在越流补给和地下径流过程中，对油砂层进行冲洗，使烃类溶解，但是水洗本身对烃类的影响是有限的，更多情况是水体会携带大量的氧气，使油砂层处于氧化环境，是否会形成原油的生物降解作用，还需要进一步的研究。

（3）生物降解作用

作为原油稠化的主要原因,目前有关原油生物降解的研究较多,并且有关生物降解作用形成重油油藏的实例也较多,如著名的加拿大阿尔伯塔油砂矿即是在生物降解作用下形成的。

生物降解是指在富氧或缺氧条件下并在一定温度范围的地层环境下,微生物有选择地消耗某些类型的烃,随着这些烃类物质不断地被消耗,原油变得愈重愈稠。随着生物降解程度的加深,原油中被消耗的烃类具有先后顺序,依次是正构烷烃,类异戊间二烯烷烃,二环倍半萜烷,规则甾烷,五环三萜烷,重排甾烷,四环二萜烷和伽马蜡烷,其结果使原油的硫、非烃,特别是沥青质含量相对增加。遭受生物降解的原油主要表现为:a. 饱和烃气相色谱图基线强烈隆起;b. 甾萜类化合物异常丰富,其相对丰度明显高于正构烷烃和异构烷烃;c. $\alpha\alpha\alpha R$ 甾烷的碳数分布为 $C_{29} > C_{28} > C_{27}$。其影响因素主要为油藏温度、油水界面和被降解的烃类物质组成等,另外,地层水的盐度及活动性对生物降解作用也存在一定的影响。

另外,微生物的类型还跟油藏的埋深有关。在深部的油藏中,地下水传输氧的能力总体来说是极为有限的,并且在向深部传输过程中还会不断消耗,氧的供应速度不能满足细菌生存繁殖,因而深部储层细菌多为厌氧型;而浅部油藏由于埋深较浅,在地下水活动与大气水淋滤的共同作用下可能氧含量较充足,微生物以好氧型为主。

油源分析认为,研究区原油主要来自中央凹陷,并且具有成熟原油和未熟－低熟原油混合成因的特点。经过族组分分析,饱和烃和芳香烃的质谱－色谱分析,认为研究区油砂遭受生物降解严重,致使饱和烃组分中正构烷烃和支链烃被大部分消耗甚至消失,仅有少量正构烷烃保存。综上所述,研究区油砂矿藏的稠化条件包括氧化作用、水洗和生物降解作用3种,生物降解、水洗与氧化作用是紧密相连的,生物降解占主导作用。

二、镇赉油砂的成藏模式

松辽盆地西部斜坡区上白垩统油砂矿藏油源主要来自于中央凹陷青山口组烃源岩,厚度大,生排烃能力强,是松辽盆地中浅层最优质的烃源岩,并且在坳陷期中晚期达到了生烃高峰。嫩江组沉积末期和明水组末期－老第三纪初期是西部斜坡油砂主要的成藏期,即燕山运动末期和喜山运动初期的构造反转阶段产生了构造挤压作用,加上嫩江组和青山口组泥岩的超压作用,使中央凹陷内生成的油气发生了侧向运移。西部斜坡中浅层相互叠置或由断裂沟通的砂体构成了油气运移的主要通道,主要为河流相、扇三角洲相、三角洲相和湖泊相等诸多类型的砂体,其中受构造脊或下切沟谷体系控制的砂体则成为油气运移的主要路径,而在油气运移路径附近的具有完整和局部泥岩盖层的地区是形成油砂聚集的有利区。其中古龙凹陷至巴彦查干路径(松辽盆地中部)油气运移分散,有利圈闭较少;而南部的沟谷体系至套保稠油油田路径,都有可能成为西部斜坡超覆带研究区(图牧吉和套保之间)油气运移的主要路径,而该地区形成了三角洲前缘沉积背景下的主要储油砂体,其储集物性良好,局部盖层具有一定的封闭能力,断裂和有利构造较少,原油会遭受一定的破坏作用(生物降解、水洗和氧化作用),当粘度达到一定级别,遇到适当的盖层和阻力时,聚集成藏,从而形成了研究区上倾尖灭型、透镜体型等陆相薄层油砂矿藏。最终确立松辽盆地西部斜坡上白垩统油砂矿藏为简单斜坡运移型成藏模式。

第四节　松辽盆地西斜坡镇赉油砂矿试采

一、地质条件对原位开采的影响

研究区油砂矿埋深 200 m 以浅,属陆相薄层,分散的油砂矿藏。原位开采在成本和环保性能上优于地表开采。为了提高生产效率,尽量降低开采成本,需要从客观地质条件出发,考虑制约原位油砂开采的主要因素,以便选择和优化开采方法,克服开采过程中的主要问题,提高经济效益。制约本区原位采技术的四个因素包括砂体分布、成岩作用、地层水、油砂黏度。

(一) 砂体分布因素

研究区油砂储层沉积环境以三角洲前缘为主,砂体主要发育水下分流河道、河口坝、远砂坝和席状砂的砂体中,矿层间多有泥岩夹层。因此,在油砂开采之前,需要进行沉积条件的研究和储层优选,尽量选择油砂厚度大、分层少的有利区开采。并且需对油砂层通过岩心,测井进行精确分层,以便更好地针对油砂层进行开采。

(二) 成岩作用

油砂岩多为松散砂岩,成岩作用弱。在油井正常生产时,出砂的可能性比较大。油砂层储层成熟度低成岩作用差,加之泥岩胶结,储层结构疏松,细小骨架砂极易在高黏度原油的胁迫和高温蒸汽的激励下,随同高速液流一同流入井筒,生产时容易出砂,是油砂原位开采过程中需要考虑的重要地质条件。

(三) 原油黏度

油砂油黏度高,在常温常压的条件下,不具有流动性。该区油砂处于常温常压条件下,油砂油黏度基本在 10 000 mPa·s 以上,油砂油需要注入热量使油藏温度升高,由粘塑性流体转变为拟塑性流体,才能开采至地表。因此,油砂油黏度将会成为制约本区原位油砂开采的重要地质条件。

（四）地层水影响

该区水层和油砂层相互伴生，共同存在于岩石的孔隙中或存在于油砂层的附近，大量油砂开采的同时容易造成地层水灌入油砂层中堵塞井管。因此，渗水、涌水、漏水现象的发生，是油砂原位开采过程中需要考虑的重要地质条件。

二、开采方法选择与优化

蒸汽吞吐技术在总体上符合研究区油砂开采的基本技术要求（高温降粘开采）和经济效益，因此采用该种方法进行了油砂试采。但是研究区油砂矿藏的地质特点要求对蒸汽吞吐技术进行优化，以解决研究区储层成岩作用较弱、地层水活跃、采收效率低、污染严重等问题。

首先，针对油砂层开采过程中容易出砂和地层水侵入的问题，需要增加防砂工艺和防止地层水侵入工艺。

再者，目前国内外已有多种溶剂驱的方法可以解决蒸汽吞吐采收率低和污染的问题，其采收率可以达到65%以上，并且加拿大公司进行了该项目的开采试验，试验证明在蒸汽吞吐开采技术的基础上利用化学试剂，可以使油砂得到原位的萃取，使原油品质得到了改善，API明显升高，硫、残余碳、总酸数（TAN）和沥青质都明显降低。而且由于溶剂的加入，二氧化碳气体得到了明显的减少。

综上所述，利用蒸汽吞吐方法开采陆相薄层、分散的油砂矿藏，可以多轮次开采，能够较容易地控制开采规模；开采过程中，可以有效地利用防砂、防水等工艺克服不同地区复杂的地质特点；同时，可以和溶剂萃取等技术相结合，极大地提高采收率，扩大经济效益，减少环境污染。

三、试采区块的地质特征

试采区油砂层埋深180 m～200 m。油砂富集区萨尔图油层顶面为一西倾的单斜构造。东部构造位置高，构造位置有利，稠油富集区，区块内钻孔取芯井在1 km² 范围内高达10口，储层落实程度高。

试采区的孔隙度在20%～25%，渗透率1 000 md左右，含油饱和度40%～50%。储层有效厚度平均8.0 m左右。

利用容积法计算单井控制储量：

$$N = 100 \times A_0 \times h \times \varphi \times \rho_0 \times S_{oi} / B_{oi}$$

式中：N——原油地质储量，10^4 t；

A_0——含油面积,km²;

H——有效厚度,m;

Φ——有效孔隙度,f;

S_{oi}——原始含油饱和度,f;

B_{oi}——原始原油体积系数;

ρ_0——原油密度,t/m³;

单井控制储量为 3.1×10^4 t。

试采区上部隔层厚度较大,在 20~25 m;而上部隔层中泥岩不发育,纯泥岩隔层厚度相对较小,在 0.2~0.6 m。试采区下部泥岩隔层厚度较薄,厚度在 1~3 m。

油砂层温度低,如 ZL6 井的地层温度为 11.57 ℃,加温难度大、热量散失快。压力低,ZL1 井的地层压力 1.695 MPa,驱动能力弱,稳产时间短。

四、试采工作进展

结合勘探及中试井资料,围绕储层落实程度高、油层有效厚度大、隔层泥岩状况好三方面研究,确定出本次试采井位。在 ZL4 井周围,按照 200×200 m 正方形反九点井网,部署 6 口试验井,围绕 6 口井情况进行筛选、评价,优选出 3 口井进行试采。

(一)试采目标

① 突破单井出油关,实现连续稳定产量;

② 验证各种工艺的适应性;

③ 探索降低投资的方法。

(二)试采技术思路

优选试采井位,防顶底水窜、降低原油黏度、防止储层出砂坍塌、保障储层生产压差。油井降粘、保压技术对策,油井防顶底水窜技术对策,油井防砂技术对策。

(三)试采主体工作

1. 防窜完井技术

(1)防底水:定深完钻技术

首先,钻机提供良好井身结构,钻机参数:a. 大庆井泰公司 ZJ1500 钻修钻井;b. 井架高 39 m,可以起 3 个单根立柱;c. 转盘通经 520 mm;d. 1 300 马力泥浆泵,排量保证 30 L/s 以上,能钻 1 500 m 深的井;e. 钻井提升能力 80 t;f. 是大庆国有多种经营队伍。然后,录井跟踪钻井定深。

(2)防顶水管柱技术组合

油层上部采用预应力隔热套管,降低温变,表套加深到水层下部,先期封固水层。

（3）提高固井质量技术

低温早强固井技术，扶正居中、紊流替净等成熟技术应用。固井体系配方：表层采用水泥浆配方嘉华 G 级水泥＋0.6％减阻剂＋1.5％降失水剂＋6％早强剂＋20％高温稳定剂＋0.1％消泡剂。油层水泥配方嘉华 G 级水泥 ＋30％石英粉＋5％MT1 和＋5％ MT2 早强剂＋0.6％减阻剂＋1.5％降失水剂＋4％S7012 早强剂＋0.1％消泡剂。

（4）提高水泥环质量技术：振动固井技术

在下套管后注灰顶替过程中，采用机械振动形成水力冲击，产生振动波作用于固井液来提高固井质量的一项新技术。

实践证明，振动可以提高水泥石强度，提高顶替效率，消除水泥中的气泡，形成完好的水泥环，还可以缩短候凝的时间，防止固井后的油、气、水混窜，有利于提高一、二界面的胶结强度。

（5）射孔参数优选实现防窜降压

① 油层段上下各避射一层，防层内汽窜。

② 大孔径、高孔密提高近井过汽面积，降低注汽压力，减少出液阻力。

③ 油管传输避免枪身变形造成卡井事故。

射孔参数：89 枪 89 弹，孔径 7.7 mm，孔密 26 孔/m，油管传输。73 枪 73 弹，孔径 7.0 mm，孔密 16 孔/m，电缆传输。

ZL1-1 井射孔数据：2012 年 10 月 16 日。

192.0～194.0 m，油砂层厚 2.0 m，隔层 2.0 m；196.0～197.0 m，油砂层厚 1.0 m，隔层 2.4 m；199.4～201.2 m，油砂层厚 1.8 m，隔层 0.4 m；201.6～203.0 m，油砂层厚 1.4 m。射孔率 100％累计射开 6.2 m。

ZL1-2 井射孔数据：2012 年 10 月 16 日。

188.6～190.8 m，油砂层厚 2.2 m，隔层 2.0 m；192.8～194.0 m，油砂层厚 1.2 m，隔层 0.8 m；194.8～195.4 m，油砂层厚 0.6 m。射孔率 100％累计射开 4.0 m。

2. 采油技术

（1）注采一体化管柱提高能量利用

工艺流程：a. 油套管环空注汽；b. 焖井热交换；c. 放喷；d. 连光杆，安装光杆密封器开抽生产。优点：a. 热利用率高；b. 节省作业施工费用。缺点：不耐砂，出砂大的油井生产时率低。

镇 1－1 生产管柱参数：

套管：4″；101.6 mm；

油管：21/2 ″；73 mm；

抽油杆:3/4″; 19 mm;

光杆:1″; 25.4 mm;

柱塞泵:50 mm;

泵深:a. 4″套管每米容积 8.1 L; b. 4″套管与 21/2″油管环空每米容积 3.9 L。

（2）螺杆泵采油管柱实现防砂举升

工艺流程:a. 油管注汽; b. 焖井热交换; c. 放喷; d. 起注汽管柱; e. 下螺杆泵转抽。优点:有效防止砂卡。缺点:不耐高温,只能注汽放喷后下入,热利用低。

（3）冷采生产情况

ZL1-1 冷采生产

监测前油井状况:a. 井口压力 0.09 MPa; b. 井口有少量气体,成分不明。冷采目的:a. 不注汽情况下油井出液能力; b. 初步判断出液层位。试验方法:a. 抽油机生产到不出液; b. 停抽测动液面恢复,10 min/次; c. 反复操作,直到数据持续吻合。试验情况:a. 产出液主要是水; b. 最大产液量 0.5 t/d 左右。

ZL1-2 冷采生产

试验方法:a. 作业机下油管举升器排液到不出液; b. 作业机停机,测动液面恢复,10 min/次; c. 起出井下举液管柱; d. 测动液面恢复,10 分钟/次。

试验情况:a. 产出液主要是水; b. 最大产液量 0.5 t/d 左右。

初步认识:a. 产液量小,水来源不是底层; b. 可能是层内水或顶层水沿套外下窜。

3. 湿蒸汽注入技术

（1）以气代油降低注汽成本

以气代油的流程见图 4.27。

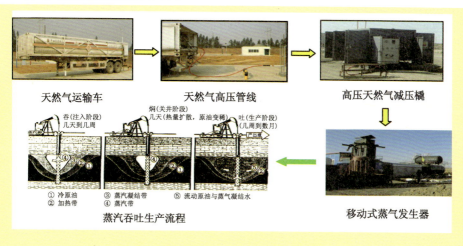

图 4.27　以气代油的流程图

天然气运输车

产品名称:管束式集装箱;

产品型号:EKC—PCIS102320;

产品编号:K2P2380＊10Y0044;

公称工作压力:20 MP;

耐压试验压力:33.4 MP;

公称容积:23.8 m^3;

介质:压缩天然气 CNG;

额定质量:36 750 kg;

空箱质量:32 870 kg;

单瓶容积:2.38 m^3;

设计使用年限:≥30 年;

产品标准:Q/12WQ5095—2010;

气瓶数量:10;

制造单位:EKC 工业(天津)有限公司;

制造许可级别:C3;

设备代码:2250108092012004。

高压天然气减压橇

产品型号:CNG—700;

特种设备制造许可编号:TS2710I62—2013;

执行标准号:XK21-006-00098;

进口管线压力:20 MPa;

出口管线压力:200～400 kPa;

进口管径:25 mm;

出口管径:80 mm;

介质:压缩天然气 CNG;

额定流量:700 m^3/h;

制造单位:河北福瑞达燃气调压器有限公司。

移动式蒸气发生器

产品名称:油田专用湿蒸汽发生器;

产品型号:YZF11-21-P;

产品编号:5102;

额定蒸汽量:11.2 t/h;

额定蒸汽压力:$21×10^6$ Pa;

额定蒸汽温度:370℃;

设计热效率:85%;

设计蒸汽干度:75%;

监检单位:抚顺市特种设备监查检验所;

制造时间:2001 年 12 月;

制造单位:中国石油天然气第八建设有限公司。

(2)注汽参数控制防止汽窜

本次试采蒸汽吞吐采油小排量多轮次注汽。

(1)ZL1-1 注汽过程

ZL1-1 第一阶段注汽参数如下:

11 月 8 日 11:30 开始注汽,排量 6.5 t/h,干度 35%左右,到 13:00 因压力持续升高,打开镇 2-1 井分注,注汽压力维持在 4 MPa 左右,到 22:00 停注,累注 46 t,停注压力 2.5 MPa,焖井至 11 月 9 日 8:20,井口压力降至 1.3 MPa,放喷初期是水,约 10 min 后油水同出,至 11 月 14 日 10:00 不出液,累出液 1.5 t 左右。

ZL1-1 第二阶段注汽参数如下:

11 月 30 日 13:40 开始注汽,排量 6.5 t/h,干度 35%左右,到 16:00 因压力持续升高,打开镇 1-2 井分注,分注排量约 4.0 t/h,注汽压力维持在 4 MPa 左右,最高达到 4.6 MPa,到 12 月 2 日 8:40 停注,累注 176 t。焖井到 12 月 4 日 14:00,压力降到 1.2 MPa,放喷出液 8 m^3,开抽生产 8 天,累产液 27 m^3,油 6.5 m^3,动液面 170 m 左右。

12 月 15 日 14:40 开始与镇 1-2 井同时注汽,锅炉排量 6.5 t/h,分注排量约 4.0 t/h,干度 35%左右,注汽压力维持在 4 MPa 左右,最高达到 4.8 MPa,到 12 月 18 日 13:30 停注,累注 278 t。12 月 18 日 13:30 开始焖井,压力由 3 MPa 逐步下降,43.5 h 后降到 1.2 MPa 放喷,放喷排量控制每天 3~5 m^3,累返液 12.5 m^3,目前已见油,含水已降到 70%。

(2)ZL1-2 注汽过程

ZL1-2 第一阶段注汽参数:

11 月 30 日 16:00 开始注汽,排量 2.5 t/h,干度 35%左右,注汽压力维持在 4 MPa 左右,最高达到 4.6 MPa,到 12 月 2 日 8:40 停注,累注 103 t。焖井到 12 月 4 日 14:00,压力降到 1.1 MPa,放喷出液 9 m^3,开抽生产 8 天,累产液 23.5 m^3,油

7 m³,动液面 170 m 左右。

ZL1-2 第二阶段注汽参数：

12 月 15 日 14:40 开始与镇 1—1 井同时注汽,锅炉排量 6.5 t/h,分注排量约 2.5 t/h,干度 35%左右,注汽压力维持在 4 MPa 左右,最高达到 4.4 MPa,到 12 月 18 日 13:30 停注,累注 174 t。

12 月 18 日 13:30 开始焖井,压力由 3 MPa 逐步下降,43.5 h 后降到 1.3 MPa 放喷,放喷排量控制每天 3～5 m³,累返液 13.2 m³,目前已见油,含水已降到 80%。

4. 地面集油系统

地面集油系统采用的是高架集油箱,集油箱参数:

型号:CSX-II;

工作介质:油、水、砂;

外形尺寸:4 m×2.5 m×2.1 m;

重量:4.960 t;

容积:21 m³。

优点:a. 实现无动力装车;b. 快速无污染清砂;c. 安全长效加温;d. 不停抽计量、清箱。

5. 预案

(1) 注汽

① 低于破裂压力 4.5 MPa 以下,则按设计要求干度>70%,排量 6.5 t/h 注汽;

② 若压力高于 4.5 MPa,则打开第二口井,控制干度不变,排量分解降为 2 t/h,3 t/h,观察注汽压力;

③ 若分注后,压力依然不降,则降低注汽干度,确保压力不超。

(2) 出砂

① 少量出砂,柱塞泵用绕丝管防砂;螺杆泵直接排出到地面处理;

② 大量出砂则采用充填石英砂化学固砂,正冲砂到人工井底后连续充填石英压裂砂,控制压力低于破裂压力,达到设计量后挤入化学固砂剂,注汽热固。

五、试采阶段认识

认识一:储层含水。

试采表明储层含水的证据有两点:

(1) 冷采产水不是底层水

① 未钻穿底部水层;

② 前期试验井认识到底水供水量大(＞20 t/d),而冷采只有 0.5 t/d。

(2)冷采产水也不是顶层水

① 应用低温早强系列固井技术,且现场施工效果好;

② 冷采阶段、注汽后水量不增,表明无顶层水窜通道。

认识二:储层压力为正压,折算压力梯度为 1.05 MPa

三口试采井的压力数据表明,储层压力为正压,折算压力梯度为 1.05 MPa(表 4.4)。

表 4.4 压力梯度折算统计表

井号	油层中部深度 (m)	井口油压 (MPa)	油层中部折算压力 (MPa)	折算压力梯度 (MPa/100 m)
ZL1-1	197.5	0.09	2.065	1.05
ZL1-2	188.8	0.09	1.978	1.05
ZL2-1	192.1	0.09	2.011	1.05

认识三:蒸汽吞吐是可以出油的,预测单井日产稠油 1.5～2 t

两口井在注入 50 t 蒸汽后喷及抽汲生产时均排出了一定量的原油,截止 2012 年度累计产油 50 余吨。控制单井日排液量 3～5 m³,含水率为 60%～70%,稠油 1.5～2 t。

认识四:以注汽压力为主要控制参数,尤其是降低干度也要控制注汽压力在 4.5 MPa 以内是正确的。

认识五:定深完钻可防底层水上窜。

认识六:低温早强＋震动固井技术可提高固井质量防止顶层水下窜。

认识七:隔热套管可降低注汽阶段套管温变带来的水泥环损坏。

认识八:油层段在顶底各避射一层,对防止水窜是有好处的。

认识九:分注可实现不动锅炉快速注汽,提高注汽效率。

认识十:高架单井集油箱可满足当前生产需求。

第五章

准噶尔盆地油砂勘探与开发

准噶尔盆地是中国西部大型含油气盆地,除了常规油气资源丰富以外,其非常规油气资源也越来越引起人们的重视。盆地内部,火山岩油气藏是主要的非常规资源;在盆地边缘,油砂资源也不可小视,目前已探明资源量达到 7.9 亿吨。这些资源主要分布在准噶尔盆地西部边缘多个油砂含矿区。相对准西北,准东和准南探明油砂资源量相对较少,还需进一步的工作。准噶尔盆地为地块挤压复合盆地,对其油砂成藏条件、成藏模式的详细研究,可丰富对挤压性盆地油砂成藏规律的理论认识。

第一节 准噶尔盆地及油砂含矿区概述

一、准噶尔盆地地质概况

准噶尔盆地位于新疆境内,被天山、阿尔泰山、西准噶尔界山等褶皱山系环绕,面积约 13×10^4 km²,是我国大型含油气盆地之一。该盆地形成始于晚石炭世,为地块挤压复合盆地,经历了晚海西期的裂陷阶段、印支—燕山期的坳陷阶段、喜马拉雅期的收缩—整体上隆阶段,发育石炭纪、三叠纪、侏罗纪、白垩纪地层,形成了多套生、储、盖组合。在多次构造运动后,不仅形成了各式各样的背斜、断块、不整合、岩性、潜山等油气藏,同时也造成了地层的侵蚀、断裂,使形成的油气藏遭受破坏,油气发生再次运移,甚至使储集层裸露地表,大量油气散失。因而盆地周边可见到大量的各式各样的油气显示(韩志强,2011)。

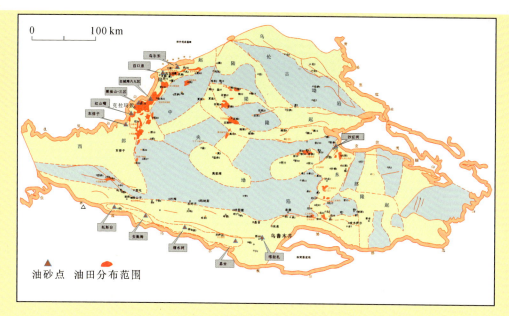

图5.1 准噶尔盆地油砂分布图

二、主要油砂含矿区分布

（一）准噶尔盆地西部

准噶尔盆地西北缘为盆地内最主要的油气富集区。由于后期地层裸露剥蚀使油气藏遭受破坏，形成大量的油砂资源。本区发育石炭纪、三叠纪、侏罗纪、白垩纪地层，油砂在这些地层中均有分布。据统计本区所见油气显示共28处，其中油砂岩14处，占50%；沥青丘8处，占28%；沥青脉、沥青包裹体各1处，各占4%；液体油苗4处，占14%。这些显示遍布于西北缘。西北缘的油砂露头主要分布在红山嘴、三区西、白碱滩、乌尔禾等四个地区。其中，前三个相对集中，相隔5～10 km，仅乌尔禾间隔相对远，约100 km。此外，车排子、百口泉也推测有油砂分布（图5.1）。

（二）准噶尔盆地东部

盆地东缘的油气显示主要分布在克拉美利山前带。在构造上属于沙奇隆起区的北端，在克拉美利山南麓随基底的上隆同沉积形成了一系列近南北走向的背斜，如沙丘河、帐篷沟、沙南、沙东等背斜。油砂主要产于侏罗系地层，而三叠系、二叠系主要为常规油气。该区油砂主要分布于沙丘河地区（图5.1），然而对油砂的分布及其性质还缺乏深入了解，尚有待今后做深入细致的研究。

（三）准噶尔盆地南部

准噶尔盆地南缘处在天山山前地带，共有23个背斜，构造破坏严重，断裂亦更为发育。坳陷内除有上三叠统巨厚(约 6 000 m)的生油岩外,又沉积了近 12 000 m 的中生界碎屑岩,是准噶尔盆地的沉积中心。在上述构造背景和丰富的油源条件下,准噶尔盆地南缘共有 132 处油气显示,其中沥青砂岩 16 处,占 12%;油浸砂岩 56 处,占 42%;沥青脉 11 处,占 8%;液体油苗 37 处,占 28%;天然气苗 12 处,占 9%。油砂以轻质油浸染为主,显示的规模远不及西北缘。准南缘的油砂主要产于侏罗系,少数产于第三系。主要包括南缘西段油砂矿点、南缘西段油砂矿点两个油砂矿点(图 5.1)。

三、资源量情况

准噶尔盆地埋藏 100 m 以浅的油砂地质资源量为 5.1×10^8 t、可采资源量 4.15×10^8 t;$100 \sim 500$ m 埋深的油砂油资源量为 9.2×10^8 t,可采资源量 5.52×10^8 t;$0 \sim 500$ m 埋深范围的油砂资源量共计 14.3×10^8 t、可采资源量 9.67×10^8 t。其中,已发现的油砂油资源量为 7.59×10^8 t,主要集中在西北缘,油砂资源量近 7×10^8 t(表5.1),准东油砂主要集中在沙丘河地区,其地质资源量约为 $2 631.4 \times 10^4$ t (表5.2),与准西地区比较,资源量较小。准南仅统计了克拉扎区块资源量(表5.3),其资源量为 $8 338.1 \times 10^4$ t,其余矿点资源量还有待进一步评估。

表 5.1　准噶尔盆地西北缘油砂资源量计算表

含矿区	层位	埋深范围 (m)	面积 (km²)	厚度 (m)	岩石密度 (g/cm³)	含油率 (%wt)	地质资源量 (×10⁴ t)
红山嘴区块	白垩系吐谷鲁组	0~100	94	9.7	2.08	7.3	13 845
		100~300	62.8	14.6	2.08	7.9	15 066
黑油山	三叠系克上组	0~100	41.4	8.6	2.07	7.1	5 232.72
		100~300	57	16	2.07	7.2	13 592
白碱滩	白垩系	0~100	24.5	6.5	1.95	7	2 173
		100~300	36.1	7	1.95	7.1	3 498
	侏罗系	0~100	38.8	8.6	2	7	4 671
		100~300	46.3	10	2	7.2	6 667
乌尔禾	白垩系	0	3.7	5.6	1.72	8.7	310
		0~100	36.5	15.1	2.24	4	4 938
合计							69 992

表 5.2　沙丘河区块油砂资源量计算表

层位	埋深 (m)	面积 (km²)	厚度 (m)	岩石密度 (g/cm³)	含油率 (%wt)	地质资源量 (×10⁴ t)
侏罗系 (J₁b/J₁s)	0～100	12	6	2.1	4.5	680.4
	100～500	20	7	2.08	6.7	1 951.0
合计	0～500	32	—	—	—	2 631.4

表 5.3　喀拉扎区块油砂资源量计算表

层位	埋深 (m)	面积 (km²)	厚度 (m)	岩石密度 (g/cm³)	含油率 (%wt)	地质资源量 (×10⁴ t)
侏罗系 头屯河 组 (J₂t)	0～100	13.5	10	2.1	6.5	1 842.8
	100～300	25	9	2.1	6.6	3 118.5
	300～500	30	8	2.1	6.7	3 376.8
	100～500	55	8.5	2.1	6.7	6 495.3
合计	0～500	68.5				8 338.1

第二节　准噶尔盆地油砂含矿区勘探

一、油砂勘探程度

准噶尔盆地油砂矿目前地质勘探程度相对较高,准西北多数矿点经过地质详查,并且有一定密度的地震测网和钻井,但测网和钻井密度仍较稀疏,勘探程度仍不高。

(一)准西北地区油砂勘探程度

总体来看,准西北油砂勘探程度较准东、准南高,其勘探多数已完成地质详查、地震详查。

1. 红山嘴区

该区总面积约为 270 km²,已完成地面地质详查、地震详查,测网密度一般为 1 km×1 km,露头区为 8 km×8 km。在该区浅部已钻 20 余口稠油探井,局部区块还有开发井。2004 年廊坊分院油砂地质调查队在该区浅部施工探槽 5 条,钻油砂井19口,井距已达到800～1 500 m。

2. 三区西(黑油山—三区)

该区总面积约为350 km²。已完成地面地质详查、地震详查,测网密度一般为1 km×1 km,露头区为16 km×16 km。在该区100 m以深已钻35口稠油探井,其中,位于上倾方向深度稍浅的有4口井。2004年廊坊分院油砂地质调查队在该区浅部钻油砂井15口,井距已达到800～1 500 m。

3. 白碱滩(六九区浅部)

该区总面积约为80 km²,已完成地面地质详查。在该区浅部已钻29口稠油探井,下倾部位还有开发井。2004年廊坊分院油砂地质调查队在该区浅部钻油砂井13口,井距已达到800～1 500 m。

4. 乌尔禾(风城油砂山)

该区油砂出露面积约为8 km²。已完成地面地质详查、地震详查,测网密度一般为1 km×1 km,露头区为8 km×8 km。1992年新疆局在该区钻了10口浅井,井距达500 m～800 m。2004年中石油廊坊分院进行了1∶5万油砂地质填图,测量剖面40条。

(二)准东和准南地区油砂勘探程度

准东沙丘河地区的勘探程度较准南高,准南目前勘探仅限于油砂露头地质调查。

准东沙丘河鼻状构造是于1955年地质部631队发现的,并作了1∶200 000地质调查和重磁力普查。1957年作了1∶50 000地质调查和1∶100 000重磁力调查。该区20世纪80年代初开始地震普查工作,其后经多年地震勘探,区内二维地震测线密度平均达1 km×2 km。到目前为止,在沙丘河地区共完钻探井8口。

二、不同含矿区油砂分布和地质特征

(一)准西北地区

1. 红山嘴油砂矿点

红山嘴油砂矿点白垩系含油砂地层为一倾向南东,并向盆地边缘老山超覆的平缓单斜(图5.2)。地面地质调查和浅钻揭露表明,白垩系吐古鲁组油砂分布面积大、层位稳定、产状缓(1°～3°),油砂层数多(3～14层,单层厚度大于1 m的有3～5层),单层厚度大(单层厚度为0.5～5 m),累计厚度可达48 m。其中埋深100 m以浅的油砂平均厚度为9.7 m,100～300 m的油砂平均厚度为14.6 m。油砂含油率为3.1%～13.6%。

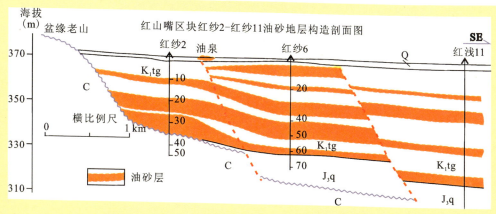

图5.2　红山嘴区块红砂2—红浅11油砂地层构造剖面图
(据国土资源部油气资源战略研究中心,2009)

2. 三区西(黑油山—三区)油砂矿点

该区位于准噶尔盆地克拉玛依市西北缘黑油山—三区靠老山地区,总面积约为350 km²。油砂目的层为中三叠统克拉玛依组,地层总体倾向南东,倾角为2°~10°。油砂位于中、上三叠统克拉玛依组和白碱滩组。

克拉玛依组可分为上克拉玛依组和下克拉玛依组两个段,上克拉玛依组包括S_5砂层组,下克拉玛依组包括S_4,S_3,S_2,S_1四个砂层组。克拉玛依组沉积早期,沿深切谷的底部和边缘发育了冲积扇沉积体系;克拉玛依组沉积中期,第一次湖泊扩张事件的发生,冲积—湖泊三角洲沉积体系形成,经此段沉积,深切谷已被完全填平补齐;克拉玛依组沉积晚期,第二次区域性湖泊扩张事件控制了整个研究区,从而依次形成了统一的、稳定的湖泊沉积体系、湖泊辫状三角洲沉积体系和湖泊体系。

黑油山—三区油砂露头分布在西起吐孜阿克内沟,东至深底沟和大侏罗沟一带。地面地质调查和浅钻揭露表明,黑油山—三区三叠系克上组油砂分布面积大、油砂单层厚度大(5~11 m),含油率高,但横向变化大,产状稍陡(4°~7°)。

黑油山:出露克上组地层,过去记载有油泉20多个,分布在长约5 km、宽约3.4 km的背斜构造上,目前仍有8个油泉冒油(为优质的低凝油)。在油泉的周围可见到液体油流由于风吹日晒而成沥青块或沥青小丘的情况。此处油砂为巨—粗砂岩,色黑,含油饱满。

平梁沟:此沟出露地层为克上组,超覆在古生界基岩之上,地层倾向东南,倾角为30°~50°。该沟油砂分布连片,油砂层厚约10 m,底部砂砾岩被浸染成褐黑色,夹有60 cm泥岩层。

小石油沟:1958年人们曾在这里用人工方法从油砂中提炼过石油,在沟的中游可见到仍在冒油的油泉,其周围留存着沥青块并往下游方向延伸。克上组在这里分布较为广泛,地层倾角为20°~30°,倾向东南。该矿点多为巨厚油砂,厚约2.5~4 m。岩性较粗,含油饱满,色黑,油味很浓,含油率为6.2%。

2004年中国石油勘探开发研究院廊坊分院在今年钻的15口浅井中,有11口见到了较好的油砂。钻井揭示该区主要发育3~5层油砂,单层最厚13.3 m。断层上盘油砂埋藏浅,下盘油砂厚度及埋深增大(图5.3)。

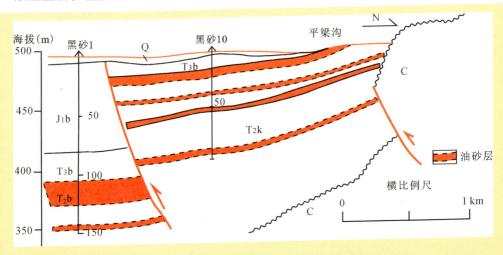

图5.3 黑油山—三区西三叠系油砂剖面图(据国土资源部油气资源战略研究中心,2009)

3. 白碱滩

该区位于克拉玛依市白碱滩区,距市区约30 km,总面积约为80 km^2。本区油砂目的层为白垩系吐谷鲁组及侏罗系齐古组。白垩系地层倾向东南,倾角为20°~30°,覆盖在侏罗系、石炭系之上。

该区地面油砂露头主要集中在调节水库以北水渠附近白垩系地层中。在水渠两侧残存着当年修渠时深挖出的油砂。敲开新鲜面后,发现其含油仍很饱满,色黑,油味浓,含油率为6.7%~12.8%。在水渠的下倾方向,油砂露头分布在长约100 m、宽约50 m的冲沟内,厚约1.5 m。此外,在白沟东侧的小冲沟左岸斜坡上可见到被油浸染的齐古组砂岩,它直接覆盖在石炭系基岩之上,厚约1~3 m。在白沟以东的干沟地区也曾发现齐古组砂岩被油浸,但油味已很淡。

经中国石油勘探开发研究院廊坊分院13口井揭示,该区白垩系油砂厚度为5.1~23 m,平均厚度为6.5~7 m;平均含油率为7%~7.1%,最大可达12%,其中白垩系吐谷鲁组油砂主要有4层,发育于不整合面附近(图5.4)。

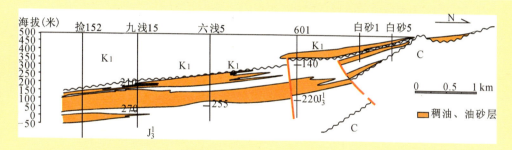

图 5.4　白碱滩六九区油砂地层构造剖面图(据国土资源部油气资源战略研究中心,2009)

4. 乌尔禾(风城油砂山)

该区位于准噶尔盆地西北缘风城地区,是西北缘最大的一座油砂露头,位于乌尔禾镇东北约 14 km 处,离风城重 32 井区稠油热采井组约 2 km,油砂出露面积约 8 km^2。本区地层较简单,自下而上为石炭系(C)、下白垩统吐谷鲁组(k$_1$t)、第四系三套地层。油砂产于下白垩统吐谷鲁组。

下白垩统吐谷鲁组(K$_1$t):该组超覆于石炭系不整合面之上,底部为灰色、灰绿色、褐灰色砂质砾岩,含稠油,最大厚度为 30.8 m,砾岩的分选磨圆差,多为棱角状。由北向南砾岩厚度变大,粒度变细。中部为灰褐色、黑褐色及黄色中细砂岩,由北向南,灰褐色、黑褐色中细砂岩渐变为黄色砂岩。顶部为一套砂砾岩层(顶砾岩),砾岩分选极差,为棱角状,仅在北部地区有少量分布。

乌尔禾油砂山出露地层为统吐谷鲁组,倾向东南,倾角为 2°~3°。这里油砂分布连片集中,厚度大,形成多座规模不等的油砂山丘。自北向南,油砂厚度逐渐减薄,最厚处约为 10 m,最薄处约为 0.5 m,并可见到油砂层尖灭处。油砂岩性多为粗砂岩,含油较饱满,味较浓,泥岩夹层约为 0.5 m。在油砂山的顶部有一厚约 1 m 的盖层。油砂中还可看到近似圆形的结核,致密坚硬。此外,在乌鲁斯图干湖以北山坡上还存有较多的白垩系油砂,多形成独立残丘。2004 年分析的 25 件露头样品,含油率为 4.5%~9.8%,平均为 8.4%。

另外,在乌尔禾镇东约 1.5 km 处,有沥青脉出露于白垩系岩层中,沿走向垂直穿过白垩系岩层。沥青脉厚度为 0.1~1.1 m,共有 7 条,分布面积约 0.5 km^2。脉中充满着乌黑光亮而且很纯的沥青,脉的两侧为砂岩层,油浸宽度为 0.5~2 m。从 20 世纪 50 年代就有人在这里挖掘沥青,现在浅部沥青已挖掘殆尽。

由于 1992 年所钻的 10 口油砂井并未全井取心,因而无法准确获得油砂厚度值。仅从取心段统计,该区底砾岩之上的油砂厚度为 0~15.4 m,其中,重检 21 井油砂单层厚度为 15.4 m。含油率为 7.5%~10.4%,平均为 8.8%。钻井和露头揭示,乌尔禾白垩系油砂从上至下分为2层(图5.5):a.含油砂岩。厚度为0~15.4 m,含油饱满,含油率平均为8.7%,为主要油砂层;b.含油底砾岩。厚度为6.5~35 m,平均为15.1 m,含油率低,为2%~5%,平均为4%。

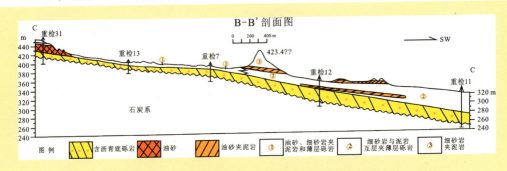

图5.5 乌尔禾油砂横剖面图(据国土资源部油气资源战略研究中心,2009)

(二) 准噶尔东缘沙丘河地区油砂

沙丘河地区位于准噶尔盆地东部克拉玛依山南麓西端,滴水泉东南30 km处,总面积为270 km²。构造上位于帐北断褶带北端。该地区地面主要有沙丘河鼻状构造。

油砂出露于J_1b中(图5.6),岩性为黑褐色含油砂砾岩,油砂累计厚度为6~7 m。油味较淡,含油中等,3块露头样品含油率分析结果为2.1%~6.7%,平均为4.5%。深部含油率变好,根据油田资料折算出平均含油率为6.7%。

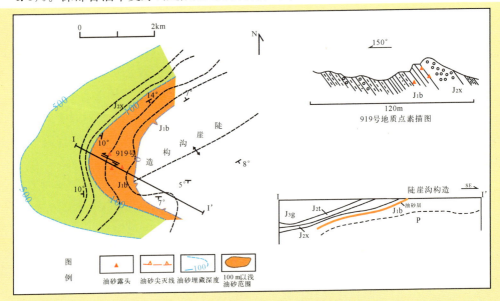

图5.6 沙丘河背斜油砂厚度及埋深图(据国土资源部油气资源战略研究中心,2009)

（三）准噶尔盆地南部

1. 南缘东段喀拉扎背斜油砂点

准噶尔盆地南缘东段喀拉扎背斜位于乌鲁木齐市西侧。油砂主要分布于背斜轴部偏南翼,在南缘算是较大规模的显示。在 8 km 距离内,断续出现 5 处油浸砂岩。油砂产出于侏罗系头屯河组砂岩、砂砾岩中,油味淡,见沥青充填裂隙及岩石孔隙中。地层产状为南翼缓($40°\sim60°$)北翼陡($70°\sim80°$)(图 5.7)。油砂厚度变化在 $8\sim20$ m,通常由 4 个单砂层组成,据 5 个样品分析,油砂含油率变化在 $1.5\%\sim12.4\%$,平均为 6.5%。该区油砂岩石致密、储集空间变化很大,因此含油性变化很大。深部含油率变好,取值为 6.7%。

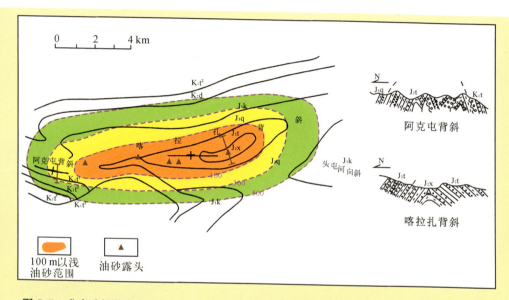

图 5.7 准南喀拉扎背斜油砂分布及埋深预测图(据国土资源部油气资源战略研究中心,2009)

2. 南缘西段油砂矿点

（1）油砂矿地质特征

南缘西段油气苗点数量较多,但一般都很小。油浸砂岩多与断裂、裂缝有关,浸染范围有限。油苗点集中在盆地边缘的一系列东西向背斜及鼻状构造高点上,主要有 4 个油苗集中分布区块:托斯台构造群、南安集海背斜、清水河鼻状构造、昌吉背斜(图 5.8)。

以安集海背斜油苗点为例。该点位于安集海背斜南翼近轴部,地表油侵砂岩是深部三叠、侏罗系的油藏,经背斜轴部及附近的断裂系统向上运移至浅部的侏罗系及第三系砂岩地层而形成,规模一般较小。

图 5.8　准南西段背斜构造及油砂油苗分布预测图(据国土资源部油气资源战略研究中心,2009)

　　岩性为浅灰褐色含油中—细砂岩,单层厚 0.5～1.2 m,累计厚度为 8～10 m。油砂有轻质油味,无沥青,明显有别于西北缘的油砂,系地下油气上浸形成的油气苗。其顶底板均为砂岩、粉砂岩、泥岩互层。地层产状陡,倾向为 175°～190°,倾角为 55°～60°。

第三节　准噶尔盆地油砂成藏理论探索

一、油砂成藏规律

　　西北缘地表油砂分布与重油、常规油关系密切,从深层—浅层—地表呈常规油—重油—油砂分布规律(图5.9)。

　　平面上分布比较集中,主要分布在红山嘴区、黑油山区—三区、白碱滩区和乌尔禾地区。纵向上,集中分布在白垩系吐谷鲁组(K_1),储量占 74%,其次为三叠系克拉玛依组(T_2),储量占 26%,侏罗系齐古组和八道湾组以稠油为主,地表油砂较少,除红山嘴地区和克拉玛依地区的吐孜阿肯内沟见有八道湾组油砂露头,白碱滩地区见有齐古组油砂露头,其他地区均未见到。鉴于其规模不大,故未估算储量。

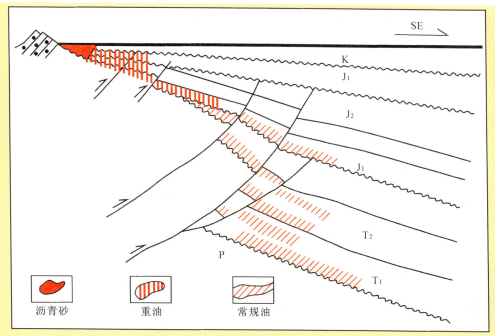

图5.9　准噶尔盆地西北缘油藏及油砂分布模式图（据扬瑞麒等）

二、油砂分布及成藏控制因素

由上述油砂分布规律可以看出，西北缘油砂成藏控制因素主要有三个方面：a. 砂体空间展布及物性；b. 不整合面；c. 断裂体系。其中，石炭系不整合面及侏罗系、三叠系的逆断层为主要的油运移通道，这些同生断裂对沉积作用及油气运移有控制作用。盆地边缘物性较好的河流及冲积扇砂体成为有利的储集空间。稠油储层暴露地表形成沥青封闭。

第四节　准噶尔盆地吐孜阿克内沟油砂矿勘探

一、吐孜阿克内沟油砂矿藏地层及分布

（一）吐孜阿克内沟露头油砂矿藏地层分布特征

克拉玛依吐孜阿克内沟剖面位于克拉玛依市西北 10 km 处的西湖公墓旁，地理坐标为：N 45°38′43″，E 84°47′06″。主要出露地层有石炭系、中三叠统克拉玛依组上亚组（T2k2）、侏罗系八道湾组（J1b）、三工河组（J1s）、西山窑组（J2x）、头屯河

组(J2t)、齐古组(J3q)和白垩系吐谷鲁群(K1tg)。

地层包括西湖墓地旁出露的两套含油砂地层:一为克上组顶,二为八道湾组底砂岩,为了详细解剖这两套油砂体的特征,采取测制油砂体断面的方式来进行剖面的测制。

克拉玛依组上亚组为灰、灰绿、深灰色泥岩、砂泥岩夹薄层砂岩及黑色炭质泥岩、煤线等,见薄层油砂岩。顶部为浅灰色中、厚层砂岩、含砾砂岩夹黑色炭质泥岩、薄煤层及深灰、灰绿色泥岩、粉细砂岩,含丰富的植物化石。

八道湾组下段为灰白、浅灰色砾岩、砂岩与黏土岩、泥岩、炭质泥岩或煤层组成5套正韵律沉积,含植物和双壳类化石;中段为深灰色含砾泥岩、砂质泥岩夹薄层泥灰岩、细、粉砂岩,具水平层理,顶部产双壳类化石;上段灰绿色泥岩、砂岩组成的反韵律,夹炭质泥岩和薄煤线,富含植物、双壳类、昆虫及少量腹足类化石。与下伏三叠系呈角度不整合接触。在吐孜阿克内沟克拉玛依组上亚组上部及八道湾组底部油砂出露丰富。

吐孜阿克内沟八道湾组油砂矿:八道湾组底部为规模和侵蚀强度不等的冲刷面,上覆冲积扇根—扇中辫状河道相粗砾岩、细砾岩和含砾粗砂岩,块状或呈大型的透镜体状,与下伏地层形成明显的冲刷、侵蚀沉积间断面。中下部由冲积扇或辫状河道相的粗砾岩或含砾砂岩组成,发育大型牵引流形成的层理构造,构成辫状河道沉积;中上部含砾砂岩、中粗粒砂岩;顶部或为河道间或洪泛平原或泥炭沼泽相的含铁质砂岩、粉砂岩、泥岩、根土岩、碳质泥岩或煤层等。油砂发育于该组中下部层位的含砾粗砂岩中。

吐孜阿克内沟克上组油砂矿:克上组底部由一系列由细到粗的反韵律组成的水进—水退旋回,主体为滨浅湖三角洲沉积。细粒沉积以粉砂质泥岩为主夹薄层菱铁矿及煤线,泥岩发育水平层理;粗粒沉积为中、薄层含砾粗砂岩,发育小型异心槽状交错层理,为典型的小型辫状河三角洲前缘水下分流河道砂体;克上组顶部为一套典型的高水位体系域沉积,由多个反韵律组成水退沉积序列。每个沉积旋回自下而上基本上由浅湖相泥岩、粉、细砂岩、三角洲前缘水下分流河道砂体、三角洲平原沼泽相炭质泥岩、薄煤层及分支河道砂体组成。湖相泥岩发育水平层理;细粉砂岩多具水平层理、微波状层理;河道砂体发育中型板状、槽状交错层理,普遍含油;炭质泥岩中见大量的植物碎屑和炭屑。油砂主要发育于该组顶部的辫状河三角洲前缘水下分流河道砂体中。

该区已完成地面地质详查,针对油气的探井、开发井和地震勘探已到详查阶段,研究程度较高。以往已完成地面地质详查、地震详查,测网密度一般为 1 km×1 km,露头区为 16 km×16 km。中石油已在该区 100 m 以深钻浅探井 21 口。

（1）克上组油砂地层特征

测制的克上组顶部油砂分 5 个断面进行测制。

通过对 5 个断面的岩性、沉积构造、含油性的详细描述，克上组油砂层岩石地层的总体特征是整个剖面以底部的黑色碳质泥岩为底界，以八道湾组底部砾岩下的钙质泥岩顶部为顶界进行测定。油砂层岩性以灰褐色含砾粗砂岩、粗砂岩以及中砂岩等粗粒岩石为主，各砂体被浅灰、灰紫色泥质粉砂岩和粉砂质泥岩分隔开来。在砂层中可见槽状交错层理、板状交错层理以及少量平行层理，在泥岩层中可见水平层理。三叠系克拉玛依上亚组露头剖面共测得 11 个单砂体，其特征见表 5.4。对砂体 1，7，10 做了含油性分析化验，均具有较高的含油率，平均含油率为 9.62%，其中砂层 4 的含油率最高，含油率在 9.47%～13%，平均含油率为 11.28%。由于所取样品常年暴露在外，实际的地层含油率应该更高；通过对岩样进行物性分析化验，可知砂岩物性很好，孔隙度在 24.3%～35.1%，平均孔隙度为 28.6%，渗透率在 19.5×10^{-3}～111×10^{-3} μm^2，平均为 65.25×10^{-3} μm^2。可见，若该段油砂的分布范围较广的话，将具有很高的开采价值。

表 5.4　克拉玛依吐孜阿克内沟三叠系克上亚组顶部单油砂体特征一览表

砂体号	沉积构造统计	岩性统计	宽(m)	厚度	宽厚比	形态	孔隙度(%)	渗透率(10^{-3} μm^2)	密度(g/cm^3)	含油率(wt%)
1	平行层理和槽状交错层理	以粗砂岩和含砾粗砂岩为主，见少量中细砂岩	25	最厚可达0.9 m	>27.78	向东逐渐变薄并最终尖灭，向西未出露完全	28.6	65.3	2.03	9.62
2	槽状交错层理	含砾粗砂岩	5	最厚可达0.6 m	>8.33	为一向两边尖灭的小透镜体				
3	平行层理	含砾粗砂岩	7	最厚可达0.4	>17.5	为一向两边尖灭的小透镜体				
4	板状交错层理、槽状交错层理	以含砾粗砂岩和粗砂岩为主，可见中细砂岩和砾岩	35	最厚可达1 m	>35	在整个剖面都可见，砂体由西向东逐渐变薄，并在剖线 3 向东5 m 处尖灭。粒度变化较快	28.6	65.3	2.03	9.62

砂体号	沉积构造统计	岩性统计	宽(m)	厚度	宽厚比	形态	孔隙度(%)	渗透率(10⁻³μm²)	密度(g/cm³)	含油率(wt%)
5	槽状交错层理	中细砂岩和含砾粗砂岩	3	最厚0.8 m	>3.75	为一向两边尖灭的小透镜体	28.6	65.3	2.03	9.62
6	平行层理	粗砂岩	8	最厚0.3 m	>26.67	为一向两边尖灭的小透镜体	28.6	65.3	2.03	9.62
7	平行层理、板状和槽状交错层理	以含砾粗砂岩、粗中砂岩和中细砂岩为主可见少量细粉砂岩	40	最厚可达1.1 m	>36.36	砂体由右向左逐渐变薄并尖灭	29.7	19.5	2.08	11.28
8	平行层理、板状和槽状交错层理	以中粗砂岩为主,可见少量细砂岩	25	最厚可达1.2 m	>20.83	砂体粒度较稳定,由西向东砂体变薄,并最终尖灭于剖面左侧15 m处,右侧尖灭于剖线3与剖线4之间	28.6	65.3	2.03	9.62
9	平行层理	粗砂岩	3	最厚0.3 m	>10	为一向两边尖灭的小透镜体	28.6	65.3	2.03	9.62
10	平行层理、板状和槽状交错层理	以粗砂岩为主,可见中细砂岩,局部含砾	50	0.2 m～1.3 m	38.46～250	由西向东砂体粒度逐渐变小,砂体由西向东逐渐变薄,并最终尖灭	26.3	111	1.94	8.35
11	平行层理、板状和递变层理	以含砾砂岩和粗砂岩为主可见中细砂岩和砾岩	50	0.5 m～1.9 m	26.32～100	其间可见递变层理,粒度从东向西逐渐变小,且砂体厚度有东向西逐渐变薄	28.6	65.3	2.03	9.62

　　通过对克拉玛依上亚组上部砂岩薄片进行观察,可见克上组砂岩以岩屑砂岩为主,岩屑以流纹岩岩屑为主,流纹岩普遍霏细化;斑晶主要为石英和长石,而且斑晶较粗大;观察过程中可见石英的次生加大现象,可见黑云母泥化膨胀;有机质充

填于原生孔隙中,次生孔隙很少见(有关岩石学特征详见本节三)。

（2）八道湾组油砂地层特征

露头区的八道湾底部砂岩层剖面以八道湾底部砾岩底为底界,以黑色碳质页岩的顶为顶界,分12条剖线进行野外测制。砂岩岩性以灰褐色中粗砂岩和含砾中粗砂岩为主,很少有泥岩和粉砂岩,砂层中可见小规模的砾岩夹层。剖面中,以槽状交错层理、板状交错层理以及平行层理最为发育,可见少量水平层理。在八道湾组底部砂岩中共识别出12个单砂层(表5.5),为多次河道迁移叠加的产物,砂体累计厚度为10 m左右,每一单砂层均以含砾砂岩、中粗砂岩、中细砂岩以及粉砂岩的向上变细正韵律组成,单一韵律厚度以2~3 m为主。个别大于5 m,在横向上分布不太稳定。其中有9个单砂层为含油砂体。对含油砂层做了含油性分析化验,得到砂体平均含油率为5.65%,含油率比剖面A明显低,通过对岩样进行物性分析化验,可知砂岩物性很好,孔隙度在26.4%~33.6%,平均孔隙度为31.2%,渗透率在601×10^{-3}~$4\,423\times10^{-3}$ μm^2,平均渗透率为$2\,602.4\times10^{-3}$ μm^2。通过对八道湾组底部油砂层岩石薄片进行观察,可见该段砂岩以岩屑砂岩为主,岩屑以流纹岩岩屑为主,流纹岩普遍霏细化;斑晶以石英为主,而且斑晶较粗大,局部有浅变质;观察过程中可见黑云母绢云母化;有机质充填于原生孔隙中,次生孔隙很少见(有关岩石学特征详见本节三)。

（二）地层对比

为了更好地弄清楚油砂分布厚度和范围,以油砂露头为起点,向东、向南延伸,对研究区以外38口探井、评价井及油砂井进行了对比研究,井的分布及地层对比格架如下(图2.8)。共建立了纵横向剖面14条,其中北东—南西向5条,北西—南东向9条。对比结果表明八道湾组底砂岩是一套全区稳定分布的辫状河道砂岩,而克上组油砂岩分为四套。这四套当中,以中部和上部的分布较稳定,底部相变较快。但油砂的分布范围有待对砂层中含油性情况进行追踪后才能确定。

表5.5 克拉玛依吐孜沟八道湾组底部含油砂单砂体特征一览表

砂体号	岩性	沉积构造	宽(m)	厚度统计	宽厚比	形态	孔隙度(%)	渗透率(10^{-3} μm^2)	密度(g/cm³)	含油率(wt%)
1	以含砾粗中砂岩为主,可见中粗砂岩	板状交错层理、槽状交错层理、平行层理	105	0.55 m ~ 1.66 m	63.3~190.9	砂体厚度变化不大,并在剖线8和剖线9之间埋入地下而不见	32.5	2 026.6	1.8	5.83

砂体号	岩性	沉积构造	宽(m)	厚度统计	宽厚比	形态	孔隙度(%)	渗透率(10^{-3}μm²)	密度(g/cm³)	含油率(wt%)
2	以中细砾岩为主并有粗砾岩，和少量的含砾中细砂岩		100	0.5 m～1.0 m	100～200	除剖线3附近砂体厚度较大，砂体厚度变化不大，在剖线1与剖线2之间尖灭				
3	以粉细砂岩为主，可见少量中粗砂岩	水平层理、平行层理	28	最厚0.55 m	>50.9	由北向南，砂体厚度逐渐变薄，并在剖线3和剖线4之间尖灭	31	2 602	1.85	5.8
4	以砾岩为主，中间夹有少量的粗中砂岩薄互层，顶部见中细砂岩。由右向左粒度有变细的趋势	槽状交错层理、水平层理、平行层理、板状交错层理	105	1.1 m～3.1 m	33.9～95.5	由北向南，砂体厚度有变薄的趋势，并在剖线8和剖线9之间埋入地下而不见	31	2 602	1.85	5.8
5	以粗砂岩为主，局部含砾，并见中细砂岩	板状交错层理、槽状交错层理、平行层理	95	最厚2.15 m	>44.2	从剖线12向北，砂体厚度先是变厚，然后在剖线5和剖线6之间尖灭	29.4	3 340.8	1.91	
8	以中粗砂岩为主，并有细砂岩局部含砾，向右粒度变细	板状交错层理、槽状交错层理、平行层理	85	最厚2.3 m	>37	从剖线1向南到剖线4砂体厚度达到最大后，随后砂体又逐渐变薄，并在剖线10和剖线11之间尖灭	31	2 602	1.85	5.8

砂体号	岩性	沉积构造	宽（m）	厚度统计	宽厚比	形态	孔隙度（%）	渗透率（10⁻³μm²）	密度（g/cm³）	含油率（wt%）
6	以中砂岩为主可见粗砂岩及细砂岩	大型板状交错层理、结核	70	最厚1.8 m	>38.9	从剖线 12 向北,砂体厚度先是变厚,然后在剖线 7 和剖线 6 之间尖灭	31	2 602	1.85	5.8
7	以中砂岩为主可见细砂岩	板状交错层理、槽状交错层理、平行层理	130	最厚1.6 m	>81.3	砂体向左尖灭于剖线 7 和剖线 8 之间,向南被灰紫色页状泥岩所覆盖并尖灭于剖线 11 于剖线 12 之间	31	2 602	1.85	5.8
9	由左向右,由粗中砂岩变为细砂岩	槽状交错层理	50	最厚1.1 m	>45.5	砂体向北尖灭于剖线 3 和剖线 4 之间,向南被灰紫色页状泥岩所覆盖并尖灭于剖线 7 于剖线 8 之间	31	2 602	1.85	6.8
10	由左向右,由粗中砂岩变为细砂岩,局部见泥灰岩	板状交错层理、平行层理	30	最厚2.25 m	>13.3	砂体向北尖灭于剖线 3 和剖线 4 之间,向南被灰紫色页状泥岩所覆盖并尖灭于剖线 6 于剖线 7 之间	31	2 602	1.85	5.8
11	粗中砂岩	板状交错层理、槽状交错层理、平行层理	55	最厚1.5 m	>36.7	为一由剖线 3 向两侧尖灭的砂体,向北尖灭于剖线 1 与剖线 2 之间,向南尖灭于剖线 4 与剖线 5 之间	31	2 602	1.85	5.8
12	由左向右,由粗中砂岩变为中细砂岩	平行层理	20	最厚0.5 m	>40	为一由剖线 2 向两侧尖灭的砂体,向北尖灭于剖线 1 与剖线 2 之间,向南尖灭于剖线 3 与剖线 4 之间	31	2 602	1.85	5.8

（1）区域地质情况

该地区地层自老到新有三叠系克拉玛依组（T2k）、三叠系白碱滩组（T3b）以及侏罗系八道湾组（J1b）；其中克拉玛依组又可以分为上下两个亚组。其中白碱滩组与上覆的八道湾组为不整合接触，在露头区白碱滩组全部缺失，克拉玛依下组与下伏的石炭系地层为角度不整合接触。

（2）地层对比

对研究区以外38口探井、评价井及油砂井进行了对比研究，以往研究主要的目的层位为克拉玛依组，本次在前人的基础上又对八道湾组地层进行了详细的地层对比。

在前人钻探及研究的基础上，采用标准层限定的"旋回对比，分级控制"原则，结合部分录井资料对各种测井特征进行深入的分析，合理部署骨架对比剖面，将每一口井都纳入对比体系，并逐井逐层对比，识别出研究区各组段的地层顶底界面，选取各砂层组和小层的对比标志层。通过精细地层对比，以露头剖面八道湾底部油砂层特征为标志，对比划分出了八道湾组底部油砂层的延伸范围；克拉玛依上组油砂层的划分和对比不但利用了我们在露头区获得的地层资料，并最大可能地利用了中石油前期在研究区东北方向的油砂露头区打的三口油砂浅钻井（黑砂8、黑砂10及黑砂13井）的资料，将克拉玛依上亚组划分为四个砂层组，克下组顶部划分出一个砂层组，在此基础上追索吐孜阿克内沟——三区西大侏罗沟区域油砂的分布范围。

① 建立骨架剖面。为保证对比精度和全区对比的统一性，建立了14条控制全区的联井剖面，其中5条为SW～NE向，9条为NW～SE向。首先对骨架剖面进行精细对比，再以此为基础完成全区的对比（图5.10）。从而保证了所有井都在对比格架上，以及对比的可靠性。

② 对测井响应特征综合分析。在对比中，采用多条测井曲线综合分析的方法以保证对比的可靠性。而在具体对比工作中又要区分各类曲线的重要程度，分清主次。通过大量观察发现，研究区GR曲线对各界面和标志层的特征响应比较灵敏；次为电阻率曲线，它对某些层序界面反应清楚。AC曲线配合使用；SP曲线有时响应不够灵敏，作为参考。

③ 对比标志层的选取。在研究测井响应特征的基础上，选取了一系列对比标志层，用以进行地层横向对比。在对比过程中又对这些标志层不断进行筛选。再根据需要选取辅助标志层进行对比。下面仅举几例说明之。

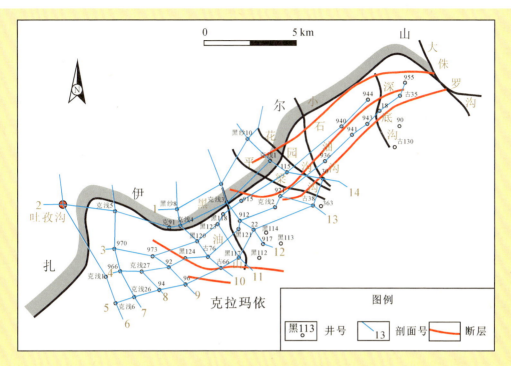

图 5.10　准噶尔盆地西北缘含油砂地层对比剖面分布

标志层 1

标志层 2 为八道湾组的底部砾岩，该套砾岩在全区分布稳定，在露头区及 38 口井均发育。录井资料显示出该套砂体岩性为砾岩，上下围岩为泥岩或粉砂岩；这个标志层的测井响应以电阻率曲线、SP 曲线和 AC 曲线最具特征。如图 5.11 所示该套砂岩整体表现为高电阻率，声波时差曲线也表现为高值，SP 表现为明显负异常，电阻率和 SP 曲线呈箱型或漏斗形，而 GR 曲线变化不明显，不能看到砂岩特征。

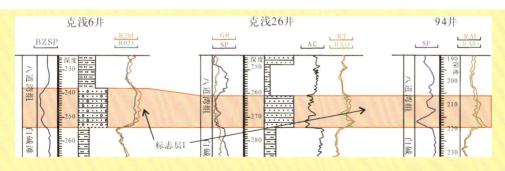

图 5.11　标志层 1 的测井响应特征与录井情况（克浅 6 井—克浅 26 井—94 井）

标志层 2

标志层 2 为克上组的最上部砂体(T2k21),该套砂体分布稳定,在露头区及 38 口井均发育。录井资料显示出该套砂体岩性为砂砾岩,上下围岩为粉砂质泥岩;这个标志层的测井响应以电阻率曲线和 AC 曲线最具特征。如图 5.12 所示该套砂岩整体表现为高电阻率,声波时差曲线也表现为高值,SP 表现为明显负异常,但 GR 曲线变化太过剧烈,不能看到砂岩特征。

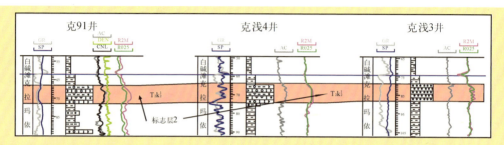

图 5.12　标志层 2 的测井响应特征与录井情况(克浅 91 井—克浅 4 井—克浅 3 井)

标志层 3

标志层 3 为整个白碱滩组,该组是一套半深湖相泥岩,它与上覆的八道湾组底部砾岩形成不整合接触,而且泥岩厚度自东向西逐渐变薄,并在吐孜阿克内沟露头区完全无沉积。这个标志层的测井响应以电阻率曲线和 GR 曲线最具特征。如图 5.13 所示该组岩层整体表现为低电阻率和高 GR,从顶界面往下上可见岩性有泥岩突变为砂岩,电阻率突然增大,声波时差突减,但电阻率变化不明显。白碱滩组与克拉玛依上亚组界面处,由下至上自然伽马突然增大,电阻率突减。声波时差曲线稍有增大。从录井情况也可看出该组岩性变化特征很明显。由于该组的测井响应特征清晰,对于划分八道湾组的底界和克上组的顶界面具有重要依据。

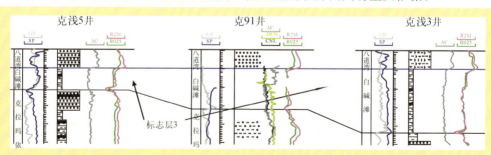

图 5.13　标志层 3 的测井响应特征与录井情况(克浅 5 井—克浅 91 井—克浅 3 井)

以上三个标志层中,标志层 1 和标志层 2 在全区广泛分布,且厚度较稳定,可作为主要标志层,而标志层 3 因厚度变化明显且未在全区均有分布,故可作为辅助标志层。

地层联井剖面对比图

在地层对比过程中,我们编绘了一系列地层联井剖面对比图。这些剖面是全区地层对比的基础,它们纵横交错,互相交叉,保证了每口井都纳入对比体系,并使全区大多数井都有交叉剖面经过,保证了对比过程井与井的闭合。它既可以显示出地层横向对比的依据,又能展示各个方向地层展布特征和变化情况。地层对比联井剖面图的纵向比例尺为1:1 000,横向比例尺为等间隔变化。由于收集各井的测井系列不统一,因此各井选取的测井曲线也有所不同。同时用不同颜色代表各地层单位,细分到小层,并注上了各小层代号(各联井剖面的平面位置见图5.10)。

地层分层数据体

根据地层精细对比的结果,编制了黑油山地区八道湾组到克下组地层分层数据体(表5.6)和砂体分层数据表(表5.7),对吐孜阿克内沟露头区及全区38口井6个砂层组及11小层的顶底界线予以标明。这些数据,有些是本项目首次划分的,有的是对原有划分结果进行厘定得出的。

表 5.6　克拉玛依黑油山地区八道湾组—克下组地层分层数据表

剖面号	井号	J_2^1	J_1^2	J_1^1	T_3	T_2^2	T_2^1	备注
1	黑砂 8			17.5	45	89.5	105	
	黑砂 13			2.8	30.2	66.7		
	黑砂 10			1	13	65.5		
2	克浅 5			89.5	101.5	135	152	
	克 91		4.6	39.5	62	132	146	
	克浅 4			30	59	129	143.94	
	克浅 3			94	129	190.5	204.5	
	克浅 1			52	102	169.5	181.5	
3	970		108	191	203.5	264		
	973	90.5	193.5	317	347	430	444.5	
	黑 120			41	74	154	173	
	黑 123			60	94.5	164	204	
	黑 118			80	112	184	202.5	
	915		56	141	177	235	280	
	115		93	181	234	302	324	
	940		114	208	262	312.5	340	
	944		85.5	175	225.5	273.5	3 204	

（续表）

剖面号	井号	J_2^1	J_1^2	J_1^1	T_3	T_2^2	T_2^1	备注
4	966	56	147	223.5	240	316.5		
	克浅27	110	205.5	288	304.5	384		
	92		248	335	356	417		
	黑124		205.5	307.3				
	黑121			48	88.5	153	179.5	
	912		0	25.5	63	137		
	克浅2		95	181	227.3	288.35	323	
	921		99	182.5	226.5	278	300	
	936		113.5	210	268	326	368.5	
	941		85.5	177.5	231	284	310	
	943		75	169	215	251		
	18		54	148.5	195	236	268	
	古35		73	177	222.5	270.5	299	
	955		97.5	185	233	278	305	
5	克浅6	78	174	254	269	361	383.5	
	克浅26	98	192	275	298	378.5	397	
	94	140	235	319	342	423.5	436	
	96	174	273	363	392.5	458.5	468	
	古66			68	115.5	201	245.5	
	黑117				52	128.5	157	
	22			71.5	117	192	217	
	古38		142.5	235.5	292	364	400	
	30		189	287	350	410.5	438	

表 5.7 克拉玛依黑油山地区八道湾组到克下组砂体分层数据表

井号	八道湾组	克拉玛依上组								克拉玛依下组	
	$J_1b_1^1$	$T_2k_2^1$	$T_2k_2^{2-1}$	$T_2k_2^{2-2}$	$T_2k_2^{3-1}$	$T_2k_2^{3-2}$	$T_2k_2^{3-3}$	$T_2k_2^{3-4}$	$T_2k_2^4$	T_2k_1	$T_2k_1^2$
黑砂 8	2 10	46 55.5				68.5 77				92	102.5
黑砂 13		32.5 43				56 61.5				66.7	80
黑砂 10		15.5 22.6				47.5 57.22			65.5 66.5	75.5	80
吐孜沟	2.25 12.75	29.95 37.55									
克浅 5	62 70	101.5 112.5								147	152
克 91	14.5 25	68 78			92 98	100 105	110 112			136	142
克浅 4	5.5 15	63.5 74.5				93 98			188 190.5	134.5	144
克浅 3	65 73.5	133.5 143									
克浅 1	22 30	107 115.5		121.5 123		129 134			167 169.5		
970	177 184.5	203.5 216		372.5 377		239 240.5					
973	281 297.5	349 366				396 405	409 414		427 430	441.5	443.5
黑 120	11 22	78 92				110 122			148.5 154	167.5	170

井号	八道湾组 $J_1b_1^1$	$T_2k_1^1$	克拉玛依上组 $T_2k_2^{2-1}$	$T_2k_2^{2-2}$	$T_2k_2^{3-1}$	$T_2k_2^{3-2}$	$T_2k_2^{3-3}$	$T_2k_2^{3-4}$	$T_2k_2^4$	克拉玛依下组 $T_2k_1^1$	$T_2k_1^2$
黑123	29	39	103.5	112	123	127.5	137	142	147	181	184
黑118	48.5	56.5	116	130	152	153.5	178	182		195.5	198.5
915	116	125.5	186	191	211.5	213	233.5	235		241.5	245
115	154	163.5	234	248	263	269.5	297.5	302		310	313.5
944	145.5	155	242	244	251.5	257	272.5	275		292	293
966	211	218	245	260	278	285.5	299.5	303			
克浅27	264	273	305	322.5	342	346	351.5	354	362.5	366.5	377
92	307	319	358.5	375	387	392	399	401.5			
黑124	21	30	91	107	119	122	127.5	131.5		134	137
912	0	7	68	80	98.5	102	104	107		134	137
克浅2	146	156.5	229	241	255	260.5	274.5	278		305	308.5
921	156	165	230	240			294.5	298.5		323	326
936	188	198	270.5	293						339	343
941	147.5	160	245	255.5	272	275.5	281.5	284		293.5	298

井号	八道湾组	克拉玛依上组								克拉玛依下组	
	$J_1b_1^1$	$T_2k_2^1$	$T_2k_2^{2-1}$	$T_2k_2^{2-2}$	$T_2k_2^{3-1}$	$T_2k_2^{3-2}$	$T_2k_2^{3-3}$	$T_2k_2^{3-4}$	$T_2k_2^4$	$T_2k_1^1$	$T_2k_1^2$
943	137	150	226	237						251.5	258
18	112.5	124	210	219.5							
古35	142	152.5	222.5	256						286.5	295
955	154.5	166	238	256	265						
克浅6	238	248	269	292.5	311.5	317	318.5	323		371	383.5
克浅26	262	271	298	313.5	337.5	353	357.7	363.2	378.5	390	392.5
94	293	303	346	359.5	391	398	400	409	412.5		
96	338	345.5	394.5	407	422	426.5	431.5	439	440	446.5	
古66	44.5	55	118.5	129	147	156	170.5	173.5	198.5	212.5	226.5
黑117	48	54.5	63	73	81	89.5	104.5	107	126	139.5	143
22	58.5	119	135	150	153	155.5	161	186.5	192	201	208
古38	219.5	230	296.5	305	311.5	335.5	341	362	364	375	377
30	262	272	352	358.5	390.5	396.5	406.5	410.5	424	435.5	438

（3）黑油山区（吐孜阿克内沟—三区西）油砂层分布特征

通过对研究区的地层对比，得出以下结论：

① 克拉玛依下亚组地层与下伏的石炭系地层为不整合接触，并在研究区沉积不全，局部区域未见沉积。其中有 13 口井未钻遇该套砂体。克下组（T2k1）砂体分布范围较小，有一定连续性，但厚度较小。

② 本次将克上组（T2k2）由下而上分为 T2k24，T2k23，T2k22，T2k21 4 个砂层组，这 4 个层组当中，以第 1 砂层组（T2k21）和第 3 砂层组（T2k23）的分布较稳定，底部相变较快，并将第 4 砂层组（T2k24）的底作为克上组和克下组的分界，其中第 1 砂层组（T2k21）对应于野外剖面 A 的油砂岩层段。克上组砂体在全区分布较为稳定，砂体厚度存在从研究区北部向南逐渐增厚的趋势。

③ 研究区八道湾组底部的砂体（J1b11）广泛分布于研究区，除三口井由于的该段砂体被暴露而完全剥蚀，其他井的该砂体厚度变化均较稳定。

二、吐孜阿克内沟油砂层沉积相

（一）沉积特征

（1）克上组沉积特征

① 岩石特征。从前述研究可知，克上组主要由含砾粗砂岩，粗—中—细砂岩及粉砂岩与泥质粉砂岩组成多个正韵律沉积，岩石分选中等，次棱—次圆状，有中等程度的成分成熟度和结构成熟度。泥岩颜色以灰色为主，局部夹煤层而显黑色或黑灰色；而砂岩则因含油显棕黄色，不含油的则以灰色为主。

② 沉积构造特征。在克上组顶部地层中，广泛发育牵引流特征的沉积构造（图 5.14），在砂层中可见大量槽状交错层理（图 5.14-3，4），板状交错层理（图 5.14-1，2，5）以及少量平行层理（图 5.14-6），偶见递变层理（图 5.14-1），在泥岩层中也可见水平层理。板状交错层理和槽状交错层理的规模都比较大，纹层厚度可达几厘米至十几厘米。通过对不同沉积构造进行古流向的测定和分析表明，古流向主要以南、南东为主，也有部分北东方向，这应与辫状河道的快速侧向迁移有关。

③ 沉积序列特征。主要由灰色含砾粗砂岩，粗砂岩、中砂岩及中细砂岩、粉砂岩、泥质粉砂岩组成多个向上变细的正韵律，个别为反韵律。单一韵律一般为 1～3 m 不等，底部和顶部韵律略厚，为 2～3 m 左右，砂泥比低，但细粒组分多为粉砂质泥或泥质粉砂岩；中部韵律一般厚 1 m 左右，砂泥比高。发育平行层理、槽状交错层理、板状交错层理等（图 5.15～图 5.19）。

图 5.14　克拉玛依吐孜阿克内沟三叠系克上组沉积构造

(1—板状交错层理和递变层理；2—板状交错层理；3—槽状交错层理；
4—槽状交错层理；5—板状交错层理；6—平行层理)

④ 横向连续性。从克上组油砂沉积相反映了辫状河三角洲水下分流河道的典型特征：油砂体尽管都有由东向西尖灭的特征，但由于侧向迁移，横向连续性较好，砂泥比高。

通过对岩性、沉积构造、沉积序列特征及砂体的横向连续性分析认为：克上组顶部主要为辫状河三角洲前缘沉积序列，露头剖面下部出露的薄煤层与厚层泥岩相伴生，可归为湖沼(图 5.17)。

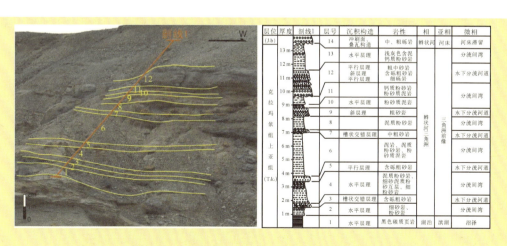

层位	厚度	剖线1	层号	沉积构造	岩性	相	亚相	微相
克拉玛组上亚组 (J.b)	13 m		14	冲刷面、叠瓦构造	中、粗砾岩	辫状河	河床	河床滞留
			13	水平层理	浅灰色含泥钙质粉砂岩	辫状河三角洲	三角洲前缘	分流间湾
	12 m/11 m		12	平行层理斜层理平行层理	粗中砂岩含砾粗砂岩细砾岩			水下分流河道
	10 m		11		钙质粉砂岩粉砂质泥岩			分流间湾
			10	水平层理				分流间湾
	8 m		9	斜层理	粗砂岩			水下分流河道
			8		泥质粉砂岩			分流间湾
	7 m		7	槽状交错层理	中粗砂岩			水下分流河道
			6		泥岩、泥质粉砂岩、粉砂质泥岩			分流间湾
	5 m		5	平行层理	含砾粗砂岩			水下分流河道
克拉玛组上亚组 (T.k.)	4 m		4	水平层理	泥质粉砂岩、细砂质粉砂层、细粉砂岩			分流间湾
	3 m		3	槽状交错层理	含砾粗砂岩			水下分流河道
	2 m		2	水平层理	细砂岩			分流间湾
	1 m		1	水平层理	黑色碳质页岩	湖泊	滨湖	沼泽

图 5.15　克拉玛依吐孜阿克内沟三叠系克上组顶部(剖线 1)沉积序列

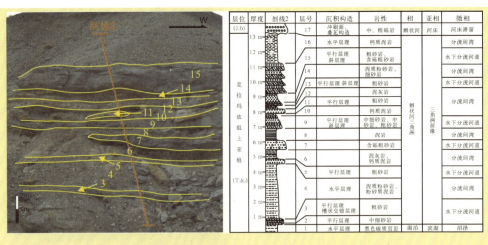

图 5.16　克拉玛依吐孜阿克内沟三叠系克上组顶部(剖线 2)沉积序列

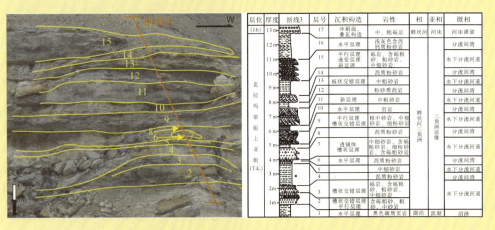

图 5.17　克拉玛依吐孜阿克内沟三叠系克上组顶部(剖线 3)沉积序列

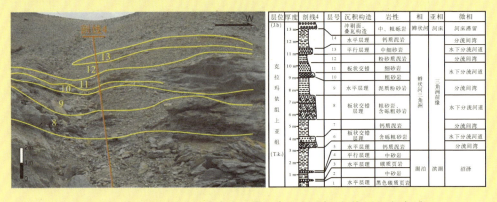

图 5.18　克拉玛依吐孜阿克内沟三叠系克上组顶部(剖线 4)沉积序列

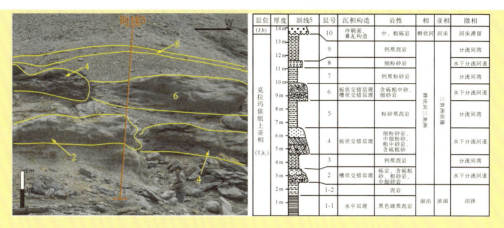

图 5.19　克拉玛依吐孜阿克内沟三叠系克上组顶部(剖线 5)沉积序列

（2）八道湾组沉积特征

八道湾组与下伏三叠系为不整合接触,其底部冲刷充填特征明显,砾石呈叠瓦状排列,具典型的砾石辫状河流沉积特征,为多套由粗变细的正韵律组成的河流序列(图 5.20)。二元结构清晰,每个旋回底部为厚层状河道砾岩,向上变细为砂、泥岩,夹薄层炭质泥岩和煤层,煤层顶板一般为泛滥湖泊相的铝土岩或高岭土岩,炭质泥岩中见大量的植物碎屑。底部旋回夹多层厚 2~5 m 的油砂岩。八道湾组底部的厚层砾岩在准噶尔盆地西北缘分布非常广泛,本剖面油砂主要分布在这套砾岩的上部。

① 岩性特征。八道湾组底部为一套十几米厚的砾岩层,砾石成分为流纹岩、砂岩等,并可见少量泥砾。砾岩层上部主要为岩屑砂岩。矿物成分含量以石英、长石和凝灰石为较高,填隙物成分以泥质、高岭石和方解石为主。

砾岩:粗—中砾为主,分选差,次圆状。砾石定向排列,可见叠瓦构造,为典型的牵引流搬运。发育大型板状交错层理,底部见冲刷面。

砂岩:粗砂岩、含砾粗砂岩为主。发育板状和槽状交错层理,为典型的心滩沉积。局部见包卷层理和滑塌构造。

煤层:薄层为主,最厚达 1.5 m。形成于沼泽环境。

铝土岩、高岭土岩:浅土黄或浅灰白色,细,质纯,块状层理。

② 沉积构造特征。八道湾组底部砾岩中可见明显的叠瓦状构造。砾岩上部的砂岩及砂砾岩中板状交错层理和槽状交错层理非常发育,而且层理规模普遍都很大,可见少量平行层理(图 5.21、图 5.32)。顶部的紫红色泥岩和黑色碳质页岩中,则可以见到明显的水平层理。

层位	比例尺 (m)	沉积序列	岩性段	沉积构造	岩性	沉积相	
八道湾组中段 (J₁b₂)	120 110 100	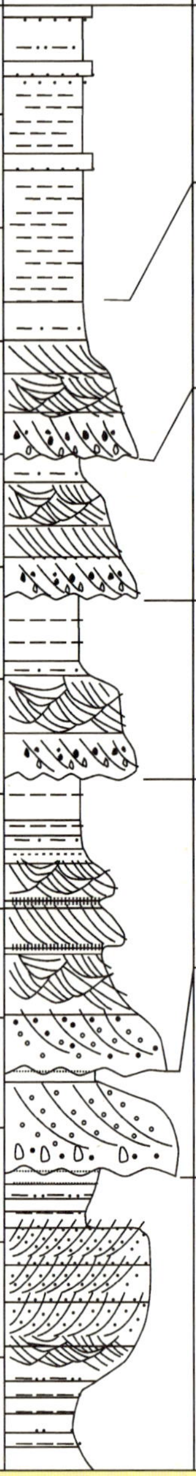	7	水平层理	深灰色泥岩、砂质泥岩夹薄层细砂岩、泥灰岩	半深湖	
			6	水平层理、板状、槽状交错层理、冲刷面	浅灰色砾岩、粗砂岩、泥质砂岩，顶部为薄煤层	辫状河	泛滥平原河道
八道湾组下段 (J₁b₁)	90 80		5	水平层理、板状、槽状交错、冲刷面	浅灰色砾岩、粗砂岩、泥质砂岩，顶部为薄煤层	辫状河	泛湖泛滥平原河道
	70		4	块状层理、水平层理、板状、槽状交错层理、冲刷面	浅灰色砾岩、粗砂岩、泥质砂岩夹煤层，顶部为块状粘土岩	辫状河	泛湖泛滥平原河道
	60 50		3	块状层理、水平层理、板状、槽状交错层理、冲刷面	浅灰色砾岩、粗粉砂岩夹泥质细砂岩及煤层，顶部为块状粘土岩	辫状河	泛湖泛滥平原河道
	40 30		2	平行层理、板状、槽状交错层理、冲刷面	浅灰色砾岩，顶部为含砾粗砂岩（油砂）	辫状河	河道
克拉玛依组上亚组 (T₂k₂)	20 10		1	水平层理、板状、槽状交错层理	泥岩、细粉砂岩，含砾粗砂岩	辫状河三角洲	前缘

图 5.20 克拉玛依吐孜阿克内沟八道湾组下段沉积序列(据于兴河, 2008)

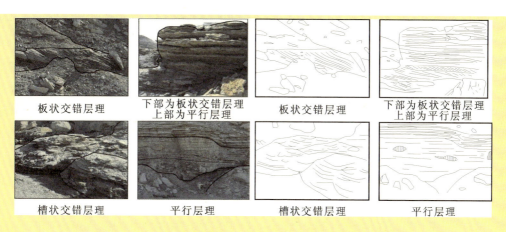

板状交错层理	下部为板状交错层理 上部为平行层理	板状交错层理	下部为板状交错层理 上部为平行层理
槽状交错层理	平行层理	槽状交错层理	平行层理

图 5.21　克拉玛依吐孜阿克内沟八道湾组砂(砾)岩沉积构造

③ 沉积序列特征。在八道湾组底部砂岩可识别出多个单砂层,为多次河道迁移叠加的产物,砂体累计厚度为 10 m 左右,每一单砂层均以含砾砂岩、中粗砂岩、中细砂岩以及粉砂岩的向上变细正韵律组成,单一韵律厚度以 2~3 m 为主,个别大于 5 m(图 5.22~图 5.31)。

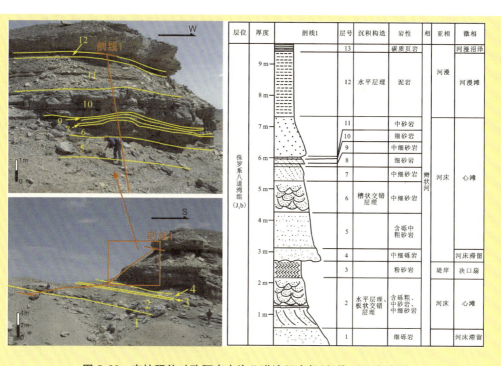

图 5.22　克拉玛依吐孜阿克内沟八道湾组底部(剖线 1)沉积序列

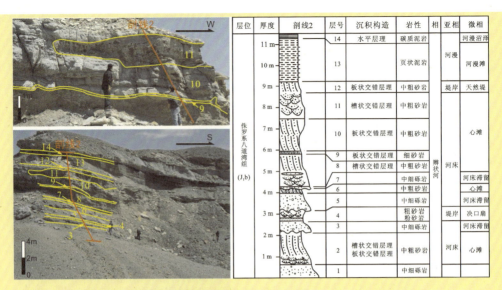

图 5.23　克拉玛依吐孜阿克内沟八道湾组底部(剖线 2)沉积序列

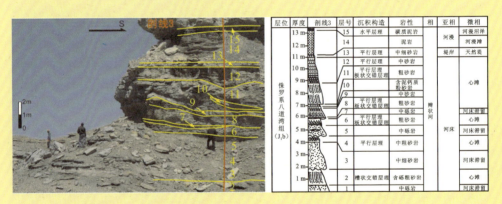

图 5.24　克拉玛依吐孜阿克内沟八道湾组底部(剖线 3)沉积序列

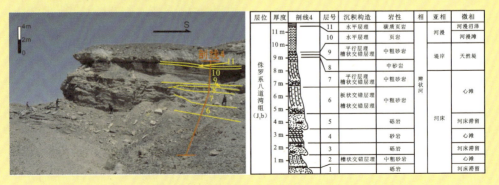

图 5.25　克拉玛依吐孜阿克内沟八道湾组底部(剖线 4)沉积序列

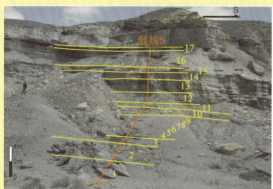

层位	厚度	剖线5	层号	沉积构造	岩性	相	亚相	微相
侏罗系八道湾组(J₁b)	11 m		17		碳质页岩	辫状河	河漫	河漫沼泽
			16		页状泥岩			河漫滩
	10 m		15		中细砂岩		堤岸	天然堤
	9 m		14		中砂岩			
			13	平行层理 板状槽状交错层理	中粗砂岩			心滩
	8 m							
	7 m		12	板状交错层理	含砾砂岩			
	6 m		11		砾岩		河床	
	5 m		10		砂岩			河床滞留
			9		含砾砂岩			
	4 m		8		砾岩			
			7		含砾砂岩			心滩
	3 m		6		含砾砂岩			
			5		砾岩			
	2 m		4		含砾砂岩			河床滞留
			3		含砾中粗砂岩			
	1 m		2	平行层理 槽状交错层理	含砾中粗砂岩			心滩
			1		砾岩			河床滞留

图 5.26 克拉玛依吐孜阿克内沟八道湾组底部(剖线 5)沉积序列

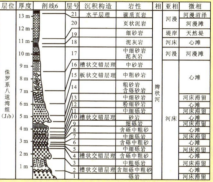

层位	厚度	剖线6	层号	沉积构造	岩性	相	亚相	微相
侏罗系八道湾组(J₁b)	13 m		21	水平层理	碳质页岩	辫状河	河漫	河漫沼泽
	12 m		20		页状泥岩			河漫滩
			19		细砂岩		堤岸	天然堤
	11 m		18		泥灰岩		河床	河漫
	10 m		17		中细砂岩 泥灰岩			河漫滩
	9 m		16	槽状交错层理	中砂岩			心滩
	8 m		15	板状交错层理	中粗砂岩			
	7 m		14		粗砂岩 含砾砂岩			
			13		中细砂岩			河床滞留
	6 m		12		粉细砂岩			心滩
	5 m		11		中细砂岩			河床滞留
			10	槽状交错层理	砂岩			心滩
	4 m		9		细砾岩			河床滞留
			8		含砾中粗砂			心滩
	3 m		7		含砾砂岩			河床滞留
			6		含砾中粗砂			心滩
	2 m		5		中细砾岩			河床滞留
			4		含砾中粗砂			心滩
	1 m		3	槽状交错层理	中细砾岩			河床滞留
			2	槽状交错层理	含细砾中粗砂			心滩
			1		砾岩			河床滞留

图 5.27 克拉玛依吐孜阿克内沟八道湾组底部(剖线 6)沉积序列

层位	厚度	剖线7	层号	沉积构造	岩性	相	亚相	微相
侏罗系八道湾组(J₁b)	11 m		12	水平层理	碳质页岩	辫状河	河漫	河漫沼泽
	10 m		11		页状泥岩			河漫滩
	9 m		10		细砂岩		堤岸	天然堤
	8 m		9		中砂岩		河床	心滩
	7 m							
	6 m		8	结核	粗中砂岩			
	5 m		7		含砾中细砂岩			
	4 m		6	板状交错层理	含细砾中粗砂岩			
	3 m		5		中细砾岩			河床滞留
	2 m		4	板状交错层理	含砾中粗砂岩			心滩
			3		中细砂岩			河床滞留
	1 m		2	板状交错层理	含砾粗砂岩			心滩
			1		砾岩			河床滞留

图 5.28 克拉玛依吐孜阿克内沟八道湾组底部(剖线 7)沉积序列

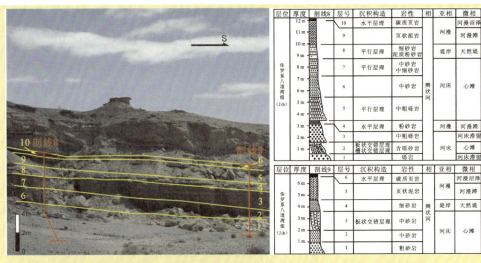

图 5.29　克拉玛依吐孜阿克内沟八道湾组底部(剖线 8—剖线 9)沉积序列

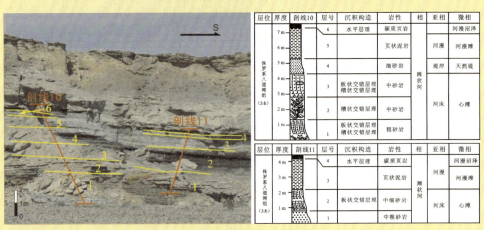

图 5.30　克拉玛依吐孜阿克内沟八道湾组底部(剖线 10—剖线 11)沉积序列

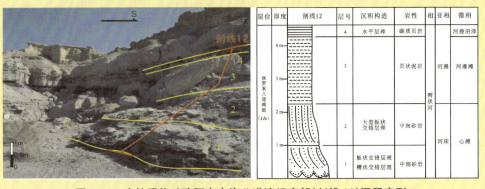

图 5.31　克拉玛依吐孜阿克内沟八道湾组底部(剖线 12)沉积序列

④ 油砂体的沉积特征。油砂体主要分布在八道湾组底部砂岩中，岩性主要集中在含砾砂岩、中粗砂岩，在横向上分布不太稳定。油砂层中亦常见大规模的板状、槽状交错层理等牵引流沉积构造，显示出明显的辫状河沉积特征。

（二）沉积相类型及特征

根据对克拉玛依上组和八道湾组下部两条剖面的野外观察、精细描述，结合大量的分析化验资料，综合分析了它们的沉积体系和沉积相类型。研究表明，研究区克拉玛依上组主要为湖泊—辫状河三角洲沉积体系构成，而八道湾组下部主要为辫状河河床滞留—河道心滩—河漫的沉积体系。

（1）克拉玛依上亚组沉积相特征

克上组剖面共识别出了滨浅湖和辫状河三角洲前缘两种亚相，湖泊沼泽、水下分流河道、分流间湾三种微相。自下而上基本上由浅湖相碳质泥、页岩、辫状河三角洲前缘水下分流河道砂体、分流间湾粉砂或泥组成。油砂主要发育于辫状河三角洲前缘水下分流河道砂体中，砂岩岩性以灰褐色含砾粗砂岩、粗砂岩以及中砂岩等粗粒岩石为主，各砂体被分流间湾相的浅灰、灰紫色泥质粉砂岩和粉砂质泥岩分隔开来。在砂层中可见槽状交错层理，板状交错层理以及少量平行层理，在泥岩层中可见水平层理。

湖泊沼泽微相：岩性以黑色或深灰色碳质泥岩或碳质页岩为主，见少量灰紫色泥岩，分布在克上组剖面的底部，其间发育水平层理。

辫状河三角洲前缘亚相：在克上组剖面中辫状河三角洲前缘亚相主要识别出了水下分流河道和分流间湾两个微相，它由多个水下分流河道—分流间湾的沉积序列组成。

水下分流河道微相：以灰褐色或深灰色含砾粗砂岩、粗砂岩以及中砂岩等粗粒岩性为主，见少量中细砂岩，主要为硅质岩屑砂岩，成分成熟度低，分选中等偏差，颗粒次棱状为主，表明其结构成熟度中等；槽状交错层理和板状交错层理发育，局部可见递变层理和水平层理。

分流间湾微相：沉积物颗粒较细，以浅灰、灰紫色泥质粉砂岩、粉砂质泥岩和泥岩为主，其间可见水平层理。

（2）八道湾组底部沉积相特征

八道湾组剖面共识别出辫状河的河床、堤岸和河漫沉积。河床亚相中，可识别出河床滞留和心滩两种微相，堤岸沉积中可见天然堤微相，河漫亚相中，识别出河漫滩及河漫沼泽两种微相。油砂主要发育于辫状河心滩中。

① 河床亚相：

河床滞留微相：河床滞留微相发育于八道湾剖面的中下部，岩性为杂色中细砾岩为主,成分复杂,分选差,磨圆较好,其间夹有大量的心滩砂透镜体,局部可见叠瓦状构造。

心滩微相:岩性以灰褐色中粗砂岩和含砾中粗砂岩为主,很少有泥岩和粉砂岩,砂层中可见小规模的砾岩夹层,主要为硅质岩屑砂岩,成分成熟度低,分选中等,磨圆以次棱状为主,可见结构成熟度中等主要发育板状和槽状交错层理,每一单砂层均以含砾砂岩、中粗砂岩、中细砂岩以及粉砂岩的向上变细正韵律组成。发育于剖面的中上部,并出现多期河道迁移叠加的现象。

天然堤微相:天然堤微相为一套灰黄色细粉砂岩与泥岩薄互层,岩性致密,覆盖在心滩砂之上。见平行层理。

② 河漫亚相:

河漫滩微相:为一套在整个剖面上发育稳定的灰紫色泥、页岩,厚度在 2 m 左右。

河漫沼泽微相:为一套黑色碳质页岩,局部见煤线,作为八道湾剖面的顶界,见水平层理。

(三) 钻井剖面沉积相类型和特征

在前人研究成果基础上,根据盆地周边野外露头剖面的观察描述,结合录井、测井资料分析,进一步在八道湾组识别出河床滞留、心滩、河漫滩、河漫沼泽、天然堤、决口扇,在克拉玛依组识别出了水下分流河道、分流间湾、河口坝、远砂坝、席状砂等沉积微相。

(1) 联井剖面的建立

联井剖面微相对比分析的目的是弄清井间沉积微相的横向变化。可在瓦尔索相律的指导下,通过详细的微相对比,作出微相横剖面对比图,形象直观地反映沉积微相的垂向叠置特征和横向延伸特征。其基本步骤如下:

① 确定沉积微相对比格架,以先前地层对比格架为基础,选取骨架剖面。逐井划分和对比。

② 以露头沉积微相识别为依据,结合录井与测井曲线资料,建立沉积微相与测井相的关联。由已知到未知,解剖露头~井之间的沉积微相。

③ 本区内共选取了 14 条典型对比剖面,其中东西向 5 条,南北向 9 条,覆盖了全研究区所有的井位(图 5.10),其中以剖面 1,2,4,6 为骨架剖面。

(2) 剖面对比结果

从 14 条微相剖面对比成果图上可以看出,剖面沉积微相具有以下特征:

① 八道湾组底部以辫状河道砂体的极其发育为特征,分布连续且广泛,底部为河床滞留沉积,向上逐渐变为细粒的河漫滩、河漫沼泽沉积,为一套典型的辫状

河沉积的正韵律。这一套正韵律在全区分布稳定,只在黑 117 井出现八道湾组的尖灭。另有极少的河漫沼泽微相出现,但规模很小,呈点状分布(表 5.8)。

表 5.8　研究区八道湾组沉积相类型及特征

沉积相			沉积特征		分布
相	亚相	微相	岩性特征	沉积构造	纵向
辫状河	河床	河床滞留	主要为砾石、含砾粗砂等粗碎屑物质,砾石成分复杂	叠瓦状构造	露头、$J_1b_1^1$
		心滩	含砾砂岩及砂岩	板状、槽状交错层理	露头、$J_1b_1^1$
	河漫	河漫滩	主要为泥岩	水平层理	露头、$J_1b_1^1$
		河漫沼泽	褐色碳质页岩	水平层理	露头、$J_1b_1^1$
	堤岸	天然堤	灰黄色细砂岩与泥岩薄互层		露头
		决口扇	含砾砂岩等粗粒沉积物,中间夹有粉砂岩等细粒沉积物		露头

② 克拉玛依上组以发育辫状河三角洲为特征。克上组共分为 $T_2K_2^1$、$T_2K_2^2$、$T_2K_2^3$、$T_2K_2^4$、$T_2K_2^1$、$T_2K_2^2$,以辫状河三角洲前缘为主,$T_2K_2^3$、$T_2K_2^4$,以辫状河三角洲平原为主。其中 $T_2K_2^1$ 水下分流河道的砂体连片性非常好,分布稳定;其他各砂层组则表现出分流间湾夹水下分流河道微相,出现不同程度的尖灭,或在河漫泥中分流河道呈孤立状分布,并有少量河漫沼泽微相出现。在厚层分流间湾中,小范围分布着前缘远端河口坝、席状砂微相(表 5.9)。

表 5.9　研究区克拉玛依组沉积相类型及特征

沉积相			沉积特征			分布
相	亚相	微相	岩性特征	沉积构造构造	测井响应特征	纵向
辫状河三角洲	三角洲平原	沼泽	沉积物颗粒细小,岩性为页岩、泥岩粉砂质泥岩和泥质粉砂岩,颜色为黑色、灰褐色等还原色	发育水平层理	低 GR,高 Rt	露头
	三角洲前缘	水下分流河道	沉积物颗粒较粗,岩性为中粗砂岩、含砾砂岩、细砾岩等	板状、槽状交错层理发育偶见递变层理	GR 值低,测井曲线呈钟形或箱形	露头、$T_2k_2^1$、$T_2k_2^2$、$T_2k_2^3$、$T_2k_2^4$、$T_2k_2^1$、$T_2k_2^2$

沉积相			沉积特征			分布
相	亚相	微相	岩性特征	沉积构造构造	测井响应特征	纵向
辫状河三角洲	三角洲前缘	分流间湾	沉积物颗粒较细,粒度较沼泽相沉积物相对较粗,岩性主要为粉砂岩或泥质粉砂岩	可见水平层理	GR 值较高,SP 平直,Rt 低值	各层
		河口坝	粉细砂岩,泥质少。成层厚度中厚层		漏斗形	T_2k_3, T_2k_4, $T_2k_1^1$, $T_2k_1^2$
		远砂坝	岩石颗粒较河口坝更细,主要为粉砂			T_2k_3, T_2k_4, $T_2k_1^2$
		席状砂	岩层薄,岩石颗粒细小,一般为粉砂岩或泥质粉砂岩,平面上延伸范围广		测井曲线呈指状,GR 低	T_2k_3, T_2k_4, $T_2k_1^1$

三、油砂储层特征

(一) 油砂岩岩石学特征

通过对吐孜阿克内沟克拉玛依上亚组油砂岩薄片进行观察(图 5.32),可见克

图 5.32　克拉玛依吐孜阿克内沟油砂岩薄片显微照片

(1~3—克拉玛依上亚组;1—正交 4×4,石英颗粒粗大,少量次生加大边,部分流纹岩岩屑霏细化,斑晶粗大。2—正交 4×10,流纹岩岩屑,霏细化,少数斑晶较粗大,斑晶主要为石英与长石质;3—单偏光 4×4,有机质分散于原生孔隙中,条带状分布。4~6—八道湾组;4—正交 4×4,长石含量较低,流纹岩岩屑霏细化,少量斑晶粗大,少量浅变质;5—正交 4×4,石英含量较少,大量流纹岩岩屑霏细化,少量斑晶粗大;6—单偏光 4×10,有机质充填于原生孔隙中,一般为沥青质物质。)

上组砂岩以岩屑砂岩为主,八道湾组底部油砂岩也是以岩屑砂岩为主,有机质充填于原生孔隙中,次生孔隙少见。

（1）岩石成分特征

克上组砂岩成分以岩屑为主（图5.33），主要为花岗质酸性岩浆岩屑,岩屑平均含量为67.3%,石英含量为19.1%,长石含量为13.6%；八道湾组砂岩成分同样以岩屑为主（图5.35），平均含量达80.6%,长石含量为11.3%,石英含量较低,仅为8.1%。

岩石中的填隙物含量较大,其中克上组砂岩中填隙物含量为31.1%,八道湾组砂岩中填隙物含量为

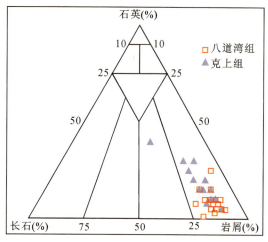

图5.33 油砂岩碎屑组分三角图

30.2%。填隙物以硅质胶结物为主,杂基含量较少,其中克上组砂岩中胶结物含量为29.3%,杂基含量为1.8%；八道湾组砂岩中胶结物含量为29.23%,杂基含量为1.0%。

可见,吐孜阿克内沟的砂岩类型主要为硅质岩屑砂岩。岩石的成分成熟度低,砂岩稳定性较差,距离物源较近。

与克拉玛依西北缘其他地区油砂的矿物组成基本一致,但不同于图牧吉或套堡及内蒙二连,也不同于加拿大。克上组岩石粒度中等,以中砂岩、中粗砂岩较为常见,含砾较少,另外也有相当数量的粉砂岩、泥岩等细粒岩石（表5.10、图5.36）。

表5.10 国内外油砂岩成分对比一览表

矿物组成（%）重量百分数		加拿大	内蒙古二连[1]	吉林套堡[2]	图牧吉[2]	红山嘴[2]	黑油山[2]	白碱滩[2]	乌尔禾[2]	克拉玛依[1]	吐孜阿克内沟[3]
颗粒	石英	（以细—中粒的石英砂岩组成,主要为石英、长石、火山岩屑及泥质）	22.5	24.5	22.5	23.6	25.5	26.1~27	8.2	26	8.2
	长石		45.0~49.5	46.8	47.5	22.1	23.4	17.4~22.5	8.3	23.1	8.4
	岩屑		18.0~22.5	21.4	20	45.7	45.1	38.3~44.1	53.1	40	54.7
	云母		<1.0	3.1	2.7	2.1	1	0.87~0.90	<1	0.5	
	合计		90	95.8	92.7	93.5	95	87.0~90.0	70	89.6	71.3
填隙物		10	4.2	7.3	6.5	5	10.4	30	10.0~13.0	28.7

数据来源:1. 贾承造,等. 油砂资源状况与储量评估方法,2007.
2. 严格. 油砂热水洗分离室内研究. 中国科学院研究生院硕士学位论文,2009.

（2）岩石结构特征

通过薄片观察，克上组砂岩碎屑颗粒的主要粒径为 0.3 mm 左右，可见岩性以中砂岩为主，并含有较多粗砂岩，岩石的分选中等偏差，磨圆以次棱状为主，颗粒支撑，以点、线接触和不接触为主，基底式胶结，储集空间以原生孔隙为主；八道湾组砂岩碎屑颗粒主要粒径为 0.2 mm 左右，可见岩性以中细砂岩为主，岩石的分选中等，磨圆以次棱状为主，颗粒支撑，以点、线接触为主，基底式胶结，储集空间以原生孔隙为主。吐孜阿克内沟的砂岩结构成熟度中等。

（二）油砂储层成因类型

通过对全区进行砂体对比及沉积相展布特征研究表明，吐孜阿克内沟油砂体的主要成因类型有辫状河道砂体和辫状河三角洲水下分流河道砂体及少量的河口坝、远砂坝和席状砂砂体。特别是八道湾组的辫状河心滩砂体和克拉玛依上亚组的辫状河三角洲水下分流河道砂体储集性能好，含油率高，分布稳定，厚度、面积都较大。对露头区油砂体的成因类型进行深入解剖后认为：辫状河三角洲水下分流河道砂体储集性能好，含油率高达 9.62％，孔隙度、渗透率分别达到 28.6％和 65.3 $\times 10^{-3}$ μm^2；心滩砂体次之（表 5.11）。

在露头区油砂平均厚度，八道湾组心滩砂体为 5.3 m，克拉玛依上亚组水下分流河道砂体为 4.74 m。心滩油砂体单层厚度从 0.05 m 到 2.2 m 不等，油砂体出露最大厚度为 7.5 m，在 5 号剖面；最小值厚度为 2.2 m，出现在 12 号剖面。克拉玛依上亚组水下分流河道微相砂体的厚度最大值出现在 3 号剖面，为 6.4 m，最小值出现在 1 号剖面，为 3.4 m。

进一步落实到对比区域上发现：心滩砂体和水下分流河道砂体依然是主要的油砂体成因类型。八道湾组的砂体分布连续，厚度稳定，累计厚度值从 4 m 到 12 m 不等，平均厚度为 8.2 m，克拉玛依组水下分流河道砂体累计平均厚度为 34.5 m，其中克拉玛依上亚组 27.8 m，克拉玛依下亚组 6.7 m。纵向上，总体表现为自上而下砂体厚度变薄的趋势。水下分流河道单层厚度最小为 1.5 m，最大为 14.5 m。除了以上两类成因砂体外，对比区域上还识别出少量席状砂、远砂坝和河口坝等成因砂体，它们主要分布在克上组的下部的两个砂层组和克下组的两个砂层组中，其中河口坝砂体的单层厚度最小值为 1.5 m，最大值为 4 m，在 $T_2K_2^3$、$T_2K_2^4$、$T_2K_1^1$、$T_2K_1^2$ 中均有分布；远砂坝砂体最小值为 1.5 m，最大值为 5 m，在 $T_2K_2^3$、$T_2K_2^4$、$T_2K_1^2$ 中有分布；席状砂体最小值为 1.5 m，最大值为 5.5 m，在 $T_2K_2^3$、$T_2K_2^4$、$T_2K_1^2$ 中有少量分布。这几类砂体规模、连片性和分布范围都相对较小，单层厚度较小。其物性和含油性也相对较差。

表 5.11 研究区油砂储层砂体成因类型及特征表

油砂体成因类型	单层厚度(m)	孔隙度(%)	渗透率(×10⁻³ μm²)	含油率(%)	分布位置
河床滞留砂	0.4～2.2				J_1b_1
心滩	6.1～12	31	2 602	5.8	J_1b_1
水下分流河道	2.9～6	28.6	65.3	9.62	T_2k
远砂坝	1.5～3.5				$T_2k_2^3$, $T_2k_2^4$, $T_2k_1^1$, $T_2k_1^2$
河口坝	1.5～4				$T_2k_2^3$, $T_2k_2^4$, $T_2k_1^2$
席状砂	0.9～3.5				$T_2k_2^3$, $T_2k_2^4$, $T_2k_1^1$

（三）储层及油砂厚度

（1）研究区砂体厚度分布

① 克拉玛依下亚组（T_2k_1）砂体厚度展布特征：

克下组（T_2K_1）砂体类型以辫状河三角洲前缘席状砂和水下分流河道砂体为主并发育河口坝砂体。克拉玛依下亚组地层与下伏的石炭系地层为不整合接触，并在研究区中部条带状区域内未见沉积。其中有 13 口井未钻遇该套砂体。此套砂体厚度较小，砂体厚度最小值为 1 m，最大值为 13.3 m，平均厚度仅为 5.28 m，砂体厚度一般在 8～16 m。从砂体展布图中可以看出砂体厚度具有从研究区南北部向中部区域逐渐变薄的趋势。

② 克拉玛依上亚组砂体展布特征：

本次将克上亚组（T_2K_2）由下而上分为 $T_2K_2^4$，$T_2K_2^3$，$T_2K_2^2$，$T_2K_2^1$ 4 个砂层组，这 4 个层组当中，以第 1 砂层组（$T_2K_2^1$）和第 3 砂层组（$T_2K_2^3$）的分布较稳定，底部相变较快，并将第 4 砂层组（$T_2K_2^4$）的底作为克上组和克下组的分界，其中第 1 砂层组（$T_2K_2^1$）对应于野外剖面 A 的油砂岩层段。克上组砂体在全区分布较为稳定，砂体厚度最小值位于露头区，为 5.8 m（该厚度仅为克上组第 1 砂层组厚度），最大值为 37 m，砂体平均厚度 21.4 m，砂体厚度一般在 16～33 m 之间。砂体厚度整体存在从研究区北部向南逐渐增厚的趋势。

a. 克拉玛依上亚组第 4 砂组（$T_2K_2^4$）砂体厚度展布特征：克上组第 4 砂层组（$T_2K_2^4$）砂体类型以辫状河三角洲前缘席状砂砂体为主，并发育水下分流河道砂体。其中有 18 口井未发育该套砂体，钻遇率仅为 53.8%。此套砂体厚度较小，砂体厚度最小值为 1 m，最大值为 13.5 m，平均厚度仅为 3.48 m，除黑 123 井的砂体厚度为 13.5 m 以外，其他井的砂体厚度都低于 5.5 m。从砂体展布图中可以看出砂体在全区分散分布，连续性较差，砂体仅在中南部区域呈现由南至北的条带状展布。

b. 克拉玛依上亚组第 3 砂组（$T_2K_2^3$）砂体展布特征：克上组第 3 砂层组（$T_2K_2^3$）砂体类型以辫状河三角洲前缘水下分流河道砂体为主，局部可见辫状河三角洲河口坝和席状砂砂体。在研究区内此套砂体分布范围较广，仅研究区东北部狭长地区及吐孜阿克内沟露头区附近区域未见发育。砂体厚度最小值为 1.5 m，最大值为 18 m，平均厚度为 7.1 m。从砂体展布图中可以看出砂体厚度仍具有从研究区北部向南部逐渐增厚的趋势，其中西南部地区砂体最为发育。

c. 克拉玛依上亚组第 2 砂层组（$T_2K_2^2$）砂体展布特征：克上组第 2 砂层组（$T_2K_2^2$）砂体类型以辫状河三角洲前缘水下分流河道砂体为主，局部可见辫状河三角洲远砂坝砂体。在研究区内此套砂体分布范围较小，其中有 25 口井未发育该套砂体，钻遇率仅为 36.1%，本套砂体连续性差、厚度较小。厚度最小值为 1 m，最大值为 11.5 m，平均厚度仅为 4.3 m，除古 38 井的砂体厚度为 11.5 m 以外，其他井的砂体厚度都低于 5 m。从砂体展布图中可以看出砂体在北部少见发育，仅在中南、西南部区域可见，厚度较小，且具有从北向南逐渐增厚的趋势。

d. 克上组第 1 砂组（$T_2K_2^1$）砂体展布特征：克上组第 1 砂层组的砂体类型为辫状河三角洲水下分流河道砂体，是全区克上组砂体中分布最稳定的一套砂体，全区所有井均有发育，砂体厚度最小值为 2 m，最大值为 33.5 m，平均 12.4 m，一般在 8～16 m。北部靠老山地区地层厚度明显较南部和东北部小，厚度最大值区域位于中下部，呈北东—南西向条带状展布。

③ 八道湾组底部砂层（$J_1b_1^1$）展布特征：

八道湾组底部砂体（$J_1b_1^1$）的砂体类型为辫状河河道砂体，包括河床滞留砂体和心滩砂，但以心滩砂体最为发育，广布于研究区，除三口井由于的该段砂体被暴露而完全剥蚀，其他井的该砂体厚度变化均较稳定。砂体厚度最小值为 4 m，最大值为 11.5 m，砂体平均厚度 7.9 m。从砂体分布来看，该砂层厚度一般在 7～10 m，砂体厚度存在从研究区中部向南北两翼逐渐减小的趋势，因此分布范围相对较窄。

（2）研究区油砂厚度分布

① 露头区油砂分布：

研究区内地面油气苗分布广泛，集中分布在吐孜阿克内沟、黑油山、后山水库、平梁沟、小石油沟等地。

吐孜阿克内沟：可见油砂出露的层位有八道湾组底部砂岩段，它和克上组顶部的砂岩段地层倾向为东南，倾角较小。其中克上组顶部油砂厚度为 4.7 m，含油率高达 9.62%，八道湾组油砂厚度可达 6.5 m，含油率为 5.8%。

黑油山：出露克上组地层，过去记载有油泉 20 多个，分布在长约 5 km、宽约 3.4 km 的背斜构造上，目前仍有 8 个油泉冒油（为优质的低凝油）。在油泉的周围可见到液体油流由于风吹日晒而成沥青块或沥青小丘的情况。此处油砂为巨—粗粒砂岩,色黑,含油饱满。

平梁沟:此沟出露地层为克上组,超覆在古生界基岩之上,地层倾向东南,倾角为30°~50°。该沟油砂分布连片,油砂层厚约10 m,底部砂砾岩被浸染成褐黑色,夹有60 cm泥岩层。

小石油沟:在该沟出露的克上组,与下伏古生界基岩呈超覆关系,地层倾角为20°~30°,倾向东南。1958年人们曾在这里从油砂中提炼过石油,在沟的中游可见到仍在冒油的油泉,其周围留存着沥青块并往下游方向延伸。克上组在这里分布较为广泛,形成巨厚油砂,厚约2.5~4 m。岩性亦较粗,含油饱满,色黑,油味很浓,含油率为6.2%。由于雨水冲洗,沟底散布着大量油砂或油砂岩体,形状各异。

2) 研究区油砂厚度

在各组段砂体厚度等值线图的基础上,结合各井砂体含油气显示(表5.11),统计出各层段含油砂体厚度,分别对克下组、克上组下段、克上组下段和八道湾组底部油砂编制油砂有效厚度等值线图。由于克上组第1,2砂层组与第3,4砂层组之间有大段的泥岩将它们隔开,而且四个砂层组中仅第1砂层组和第3砂层组分布广泛,2,4砂层组连续性和含油性均较差,为方便计算资源量可将克上组四个砂层组分为克上组下段和克上组上段,其中上段包括第1,2砂层组,下段包括第3,4砂层组。

表5.11 油砂砂体含油性一览表

井号	层位	顶深(m)	底深(m)	含油级别	地化解释	测井解释	综合解释
915	$T_2k_2^1$	186	191				油层
966	J_1b	211	218				油层
966	$T_2k_2^1$	245	260				油层
966	$T_2k_2^{3-2}$	279	285.5				油水同层
970	J_1b	177	184.5				油层
970	$T_2k_2^1$	203.5	216				油层
古66	$T_2k_2^1$	118.5	129	油斑			油水同层
黑117	$T_2k_2^1$	54.5	63				油层
黑118	$T_2k_2^1$	116	130				油层
黑120	$T_2k_2^1$	78	92				油水同层
黑120	$T_2k_2^{3-2}$	110	122				水层
黑123	$T_2k_2^1$	103.5	112				油层

井号	层位	顶深(m)	底深(m)	含油级别	地化解释	测井解释	综合解释
黑123	$T_2k_2^2$	123	127.5				油层
黑砂10	$T_2k_1^1$	75.5	80				油砂层
黑砂10	$T_2k_2^1$	15.5	22.6				油砂层
黑砂10	$T_2k_2^{3-21}$	47.5	51				油砂层
黑砂10	$T_2k_2^{3-22}$	55.5	57.22				油砂层
黑砂13	$T_2k_1^1$	66.7	80				油砂层
黑砂13	$T_2k_2^1$	32.5	43				油砂层
黑砂13	$T_2k_2^{3-2}$	56	61.5				油砂层
黑砂8	$T_2k_1^1$	92	102.5				油砂层
黑砂8	$T_2k_2^1$	46	55.5				油砂层
黑砂8	$T_2k_2^{3-2}$	68.5	77				油砂层
克91	$T_2k_1^1$	136	142	油斑	差油层	干层	油水同层
克91	$T_2k_2^1$	68	78	油迹	油水同层	干层	油水同层
克91	$T_2k_2^{3-1}$	92	98	油斑	差油层	含油层	油水同层
克91	$T_2k_2^{3-2}$	100	105	油斑	差油层	稠油层	油水同层
克91	$T_2k_2^{3-3}$	110	112	油斑		稠油层	油水同层
克浅1	$T_2k_2^1$	107	115.5	油浸、富含油			油水同层
克浅1	$T_2k_2^{3-2}$	129	134	油浸			油水同层
克浅1	$T_2k_2^4$	167	169.5	油浸			油水同层
克浅26	J_1b	262	271	富含油			油层
克浅26	$T_2k_2^1$	298	313.5	富含油、油斑			油层
克浅3	$T_2k_2^1$	133.5	143	荧光			油层
克浅4	$T_2k_1^1$	134.5	144				油层
克浅4	$T_2k_2^1$	63.5	74.5				油水同层
克浅4	$T_2k_2^{3-2}$	93	98				油水同层
克浅5	$T_2k_1^1$	147	152				油水同层
克浅5	$T_2k_2^1$	101.5	112.5	荧光			油水同层
克浅6	J_1b	238	248	荧光			油层
克浅6	$T_2k_2^1$	269	292.5	荧光			油层
吐孜阿克内沟	J_1b	2.25	12.75				油砂层

井号	层位	顶深(m)	底深(m)	含油级别	地化解释	测井解释	综合解释
吐孜阿克内沟	$T_2k_2^1$	29.95	34.45				油砂层
吐孜阿克内沟	$T_2k_2^1$	36.25	37.55				油砂层

备注:表中古66、克浅1、克浅2、克浅26、克浅3、克浅4、克浅5和克浅6井的含油性依据《录井综合解释数据表》和《岩芯描述》取得,吐孜阿克内沟含油性野外实地考察获得,黑砂8、黑砂10和黑砂13的含油率根据前人研究取得,而其余各井含油性由前人所圈的含油面积图中获取。

a. 克下组油砂厚度:克下组的油砂主要集中在研究区的北部靠老山地区,油砂厚度向老山逐渐增厚。该组地层仅有六口井可见油气显示。油砂最小厚度为 2 m,油砂厚度最大值为 13.3 m,平均值为 6.26 m。

b. 克上组下段油砂厚度:出克上组下段的油砂除集中在研究区的北部靠老山地区的六口井外,仅有研究区东部966井可见油气显示。油砂厚度向老山逐渐增厚。油砂最小厚度为3 m,最大值为 6.4 m,平均值5.29 m。

c. 克上组上段油砂厚度:克上组上段的油砂在全区广泛分布。油砂井范围较克上组下段明显扩大。油砂最小厚度为 3.75 m,油砂厚度最大值为 18.5 m,平均值高达 8.57 m。

d. 八道湾组($J_1b_1^1$)油砂厚度:八道湾组底部油砂仅在研究区东部发育。油砂最小厚度为 6.5 m,油砂厚度最大值为 8.5 m,平均值为 7.26 m。

(四) 油砂层的物性特征

对吐孜沟的 13 件含油砂岩、砂岩样品进行物性分析试验,得出岩石的孔隙度为 24.3% ~ 35.1%,平均孔隙度为 30.6%。岩石的渗透率为 19.5×10^{-3} ~ $7\,569 \times 10^{-3}$ μm^2,平均渗透率为 $2\,179 \times 10^{-3}$ μm^2。其中克上组的孔隙度为 24.3% ~ 35.1%,平均孔隙度为 28.6%,渗透率为 19.5×10^{-3} ~ 111×10^{-3} μm^2,平均渗透率为 65.3×10^{-3} μm^2;而八道湾组的孔隙度为 26.43% ~ 33.6%,平均孔隙度为 31%,渗透率为 601×10^{-3} ~ $7\,569 \times 10^{-3}$ μm^2,平均渗透率为 $2\,602 \times 10^{-3}$ μm^2。

(五) 油砂油地球化学特征

对吐孜阿克内沟油砂样品做族组分分析得到,该处油砂的族组分主要以含沥青质和非烃为主(图 5.34),样品沥青含量分布范围为 29% ~ 87.62%,平均可达 61.45%。相对而言,饱和烃和芳烃含量则较低,饱和烃平均含量为 15.79%,芳烃的含量仅为 3.0%。其中克上组的饱和烃平均含量为 17.22%,芳烃的含量仅为 3.39%,沥青质和非烃含量为 77.16%;八道湾组的饱和烃平均含量为 17.6%,芳烃的含量仅为 2.88%,沥青质和非烃含量为 78.34%,反映出该区油砂遭到了很严重的降解。

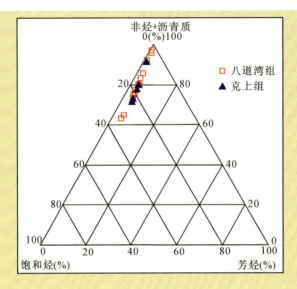

图 5.34　油砂样品族组成三角图

四、成藏条件和成矿要素

（一）准噶尔盆地油砂成藏的地质背景

新疆准噶尔盆地位于我国西北，面积约为 $13 \times 10^4 \text{km}^2$，是我国大型含油气盆地之一。该盆地为地块挤压型复合盆地，周边被天山、阿尔泰山、西准噶尔界山等褶皱山系环绕，盆地形成始于晚石炭世，经历了晚海西期的裂陷阶段、印支—燕山期的坳陷阶段、喜马拉雅期的收缩—整体上隆阶段，形成了多旋回的生储盖组合。在多次构造运动后，不仅形成了各式各样的背斜、断块、不整合、岩性、潜山等油气藏，同时也造成了地层的侵蚀、断裂，使形成的油气藏遭受破坏，油气发生再次运移，甚至使储集层裸露地表，大量油气散失。因而盆地周边可见到大量的各式各样的油气显示。露头区的油气显示，是寻找油砂的直接线索。

（二）西北缘油砂成矿规律及控制因素

（1）油砂分布及成矿规律

① 西北缘地表油砂分布与重油、常规油关系密切，从深层—浅层—地表呈常规油—重油—油砂分布规律。平面上分布比较集中，主要分布在红山嘴区、黑油山区—三区、白碱滩区和乌尔禾地区（图 5.35）。纵向上，集中分布在白垩系吐谷鲁组（K_1），其次为三叠系克拉玛依组（T_2）；侏罗系齐古组和八道湾组以稠油为主，地

表油砂较少,除红山嘴地区和克拉玛依地区的吐孜阿克内沟见有八道湾组油砂露头,白碱滩地区见有齐古组油砂露头,其他地区均未见到。吐孜阿克内沟八道湾组油砂(图 5.36)以前未估算资源量,本次算得地质资源量为 798.31×10^4 t,可采资源量为 267.95×10^4 t。

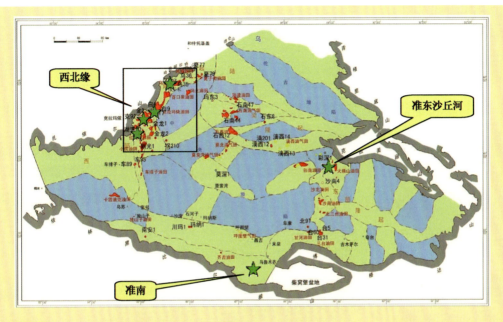

图 5.35　准噶尔盆地油砂分布图

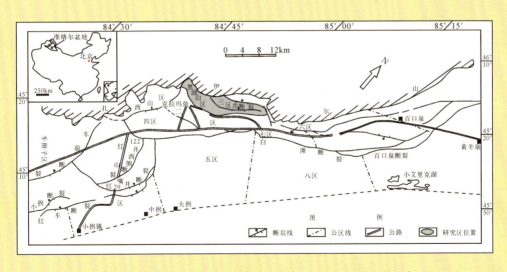

图 5.36　克拉玛依吐孜阿克内沟—黑油山区—三区西油砂分布

② 油砂分布与地层不整合紧密相关,集中分布在中生界超覆尖灭带上。

如红山嘴地区、白碱滩地区和乌尔禾地区,油砂主要分布在白垩系吐谷鲁组底部不整合面附近向老山超覆尖灭的位置上,特别是在石炭系老地层"天窗"或"潜山"靠盆地一侧,油砂厚度变大,含油性变好,如红山嘴石蘑菇沟、白碱滩白沟、乌尔禾地区(图5.37)。

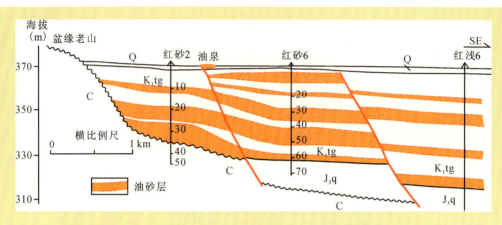

图 5.37　红山嘴区块红砂 2—红浅 11 油砂地层构造剖面图

原油由下倾方向的三叠系生油凹陷沿不整合面向上倾方向运移,到油砂区后,先充满与不整合面接触的吐谷鲁组底砾岩,再向上倒灌进了底砾岩之上的砂岩层。但由于油源距离远和油量的限制,砂岩只充满了边缘部分,而向下倾方向油砂很快尖灭。

(2) 油砂分布及成矿控制因素

由上述油砂分布规律可以看出,西北缘油砂成藏控制因素主要有三个方面:a.砂体空间展布及物性;b.不整合面;c.断裂体系。其中,石炭系不整合面及侏罗系、三叠系的逆断层为主要的油运移通道,这些同生断裂对沉积作用及油气运移有控制作用。盆地边缘物性较好的河流及冲积扇砂体成为有利的储集空间。稠油储层暴露地表形成沥青封闭。

本区油砂目的层为中三叠统克拉玛依组,地层总体倾向南东,倾角为 2°～10°。发育三条北东向、大致平行于盆缘老山的大型逆断层,局部发育小型褶皱或背斜。

黑油山—三区露头分布在西起吐孜阿克内沟,东至深底沟和大侏罗沟一带,出露中、上三叠统地层,包括八道湾组、克拉玛依组和白碱滩组。克拉玛依组可以分为克拉玛依上亚组(简称为克上组)和克拉玛依下亚组(简称克下组)。

克下组：该区主要为克下组上部地层（即 S_5 砂层组）。下部为土黄色至淡灰绿色块状砾岩。上部为灰色或棕红色砂质泥岩和泥质粉砂岩，含石英粗砂及变质岩小砾石。

克上组：本区克上组从下到上包括 S_4、S_3、S_2、S_1 四个砂层组（图 5.38）。

克拉玛依组沉积背景也对油砂矿藏的形成有利。在中三叠世的准噶尔盆地西北缘，克拉玛依组沉积早期受 5 条发育于盆地基底和逆冲推覆体之上的、垂直于扎伊尔山的深切谷控制，它们由东北向西南方向依次是深底沟—大侏罗沟深切谷、平梁沟—花园沟深切谷、黑油山深切谷、水库沟深切谷和吐孜阿克内沟深切谷（图 5.39）。其中以深底沟—大侏罗沟深切谷规模最大，发育最早。沉积上表现出了明显的早期对深切谷的填平补齐和晚期逐渐的超覆过程。对油砂的空间展布具有控制作用。

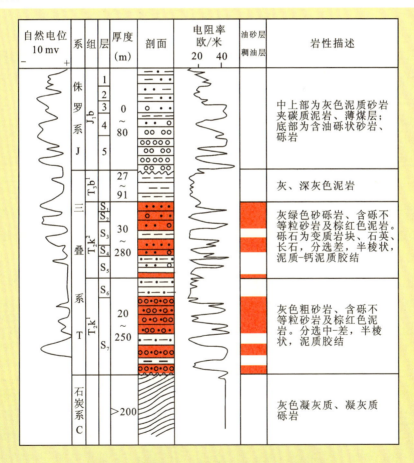

图 5.38　黑油山—三区西油砂地层综合柱状图

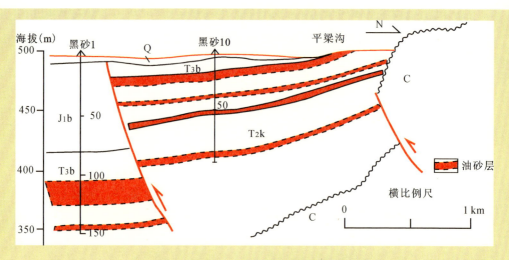

图 5.39　黑油山—三区西三叠系油砂剖面图

八道湾组：主要由大套砂砾岩和含砾砂岩及粗、中砂岩形成的辫状河道砂体组成，分布范围相对较小，主要分布于吐孜沟至黑油山沟附近，其中油砂主要分布于底砾岩之上的心滩砂体中，显然是由于油沿着不整合面及断层倒灌进入砂岩层中而形成油砂。

（3）露头油砂分布及厚度

黑油山地区地面油气苗分布广泛，集中分布在吐孜阿克内沟、黑油山、后山水库、平梁沟、小石油沟等。有关吐孜沟油砂分布前面已详述。

黑油山：这里出露的地层为克上组，过去记载有油泉 20 多个，分布在长约 5 km、宽约 3.4 km 的背斜构造上，目前仍有 8 个油泉冒油（为优质的低凝油）。在油泉的周围可见到液体油流由于风吹日晒而成沥青块或沥青小丘的情况。此处油砂为巨—粗砂岩，色黑，含油饱满。20 世纪 60 年代初曾在这里打过一批浅井，1988 年初编制了此区开发方案，但未正式实施。

平梁沟：此沟出露地层为克上组，超覆在古生界基岩之上，地层倾向东南，倾角为 $30° \sim 50°$。该沟油砂分布连片，约有 $0.06 \ km^2$。油砂层厚约 10 m，底部砂砾岩被浸染成褐黑色，夹有 60cm 泥岩层。

小石油沟：在该沟出露的克上组，与下伏古生界基岩呈超覆关系，地层倾角为 $20° \sim 30°$，倾向东南。1958 年人们曾在这里用人工方法从油砂中提炼过石油，在沟的中游可见到仍在冒油的油泉，其周围留存着沥青块并往下游方向延伸。克上组在这里分布较为广泛，形成巨厚油砂，厚约 $2.5 \sim 4$ m。岩性亦较粗，含油饱满，色黑，油味很浓，含油率 6.2%。由于雨水冲洗，沟底散布着大量油砂或油砂体，形状各异。

（4）钻井中油砂厚度及含油性

地面地质调查和浅钻揭露表明,黑油山—三区三叠系克上组油砂分布面积大、油砂单层厚度大(5～11 m),含油率高,但横向变化大,产状稍陡(4°～7°)。

2006 年完钻的 15 口浅井中,有 11 口见到了较好的油砂,其中,黑砂 13 井油砂有 3 层共厚 18.2 m,黑砂 8 井油砂有 4 层共厚 17.7 m。

该区油砂厚度为 1.5～21.42 m,单层最厚可达 13.29 m。含油率为 7%～13.9%,平均为 7.1%。

此外,平梁沟一带的黑砂 2、黑砂 10、黑砂 13 井在石炭系不整合面附近的凝灰质砂岩厚度为 7～15 m,岩芯油味很浓,含油性较好,样品分析含油率达 4%～7%,岩芯裂隙面及逢中见稠油或轻质油。

（5）油砂层对比

黑油山—三区三叠系克拉玛依组油砂在黑油山—花园沟区块主要发育 3～5 层油砂,单层最厚 13.3 m。断层上盘油砂埋藏浅,下盘油砂厚度及埋深增大(图5.39)。由于存在断距 30～70 m 的逆断层,所以油砂埋藏深度稍大,且 50～100 m 埋深面积偏小,呈窄条状分布。

（三）影响研究区油砂成矿因素总结

通过对准噶尔盆地西北缘吐孜阿克内沟与黑油山区成矿基本地质条件的研究表明,西北缘地区之所以有较为丰富的油砂资源,其主要原因在于它优越的成矿地质条件,其中最主要的有利条件有三条:a. 准噶尔盆地边缘物性较好的河流及冲积扇砂体成为有利的储集空间;b. 集中分布在中生界超覆尖灭带上的地层不整合较好地控制了油砂的分布;c. 以侏罗系、三叠系的逆断层配合石炭系不整合面构成的断裂体系对沉积作用及油气运移有着重要的控制作用,并最终决定了油砂的形成和分布。

准噶尔盆地西北缘的油砂矿,玛湖生油中心生成的原油由下倾方向的沿断层、不整合面或疏导层向上倾方向运移,原油通过直接长距离运移到盆地的隆起区或斜坡带上的地表或浅部储层中。到油砂区后,先充满与不整合面接触的吐谷鲁组底砾岩,再向上倒灌进了底砾岩之上的砂岩层。油砂油在运聚过程中或在运聚之后,在构造活动等作用下,轻油散失,重质油残留原地成矿。从以上的分析我们可以看到,准噶尔盆地西北缘吐孜沟——三区西具有有利的油砂成藏条件(表5.12)。

表 5.12　准噶尔盆地西北缘有利成矿地质条件分析表

成矿地质要素		条件	成矿地质要素		条件
储集条件	储层沉积相	河流、冲积扇	烃源条件	供烃类型	原生运移
	储层岩性	中粗砂岩、砂砾岩		输导体系	断裂体系,不整合面
	成岩作用	早成岩期至晚成岩 A 期早期		运移距离	远
	埋藏深度	300 m 以浅	构造条件	构造部位	山前冲断带
	孔隙度度(%)	>25		构造活动强度,及次数	强度大,次数多
	渗透率(10⁻³ μm²)	>100		目的层被剥蚀面积/盆地面积(%)	?

（四）油砂成矿规律总结

从中我们总结出其油砂矿的分布及成矿规律如下:

① 油砂分布在中生代三叠—白垩系地层中;

② 油砂资源潜力大,已发现矿带 0～100 m 可采资源量很乐观,可作为常规石油资源的补充;含油率与加拿大比较低,但同国内其他地区或国内 3% 的边际品位来说还是较高的主要集中在 6%～10%,部分达 10% 以上;

③ 盆地类型与油砂分布关系密切:主要分布挤压型盆地山前带边缘。盆地山前带大型断裂和不整合面发育,为原油运移至表层提供了通道。

④ 构造部位与油砂分布:主要分布于盆地区域盖层的缺失区以及区域盖层被断层交错切割区,如盆地边缘斜坡、大型隆起之边缘,凹陷中基岩块断凸起之上,断裂背斜带的浅部或断阶带的高台阶。并且往往是重油沥青资源的最有利富集带。

⑤ 与常规油稠油伴生关系:纵向上和平面上的分布均与常规油资源有着密切的联系。平面上围绕着常规油资源分布于凹陷或盆地的最外缘,纵向上分布于常规油资源之上方。

⑥ 由断层、不整合面复杂化的斜坡型成矿模式是其根本的成矿模式。

准噶尔盆地西北缘油砂区属山前带原生运移型,但并不是所有的山前带原生运移型评价单元都具有上述成矿特征,因此在类比中应充分考虑不同单元内之间成矿基本特征的差异。这也是解剖区研究中成矿特征刻画的意义之所在。

五、油砂资源量计算

（一）计算方法

由于研究区油砂埋藏较浅或出露地表,胶结疏松,含油饱和度样品不易分析,

而重量含油率参数较易获得,对油砂具有普遍意义,因此采用重量含油率法计算油砂资源量,其计算公式如下:

$$N = 100Ah\rho_r C_o$$

式中　N——油砂地质资源量,10^4 t;

　　　A——含油面积,km^2;

　　　h——油砂平均有效厚度,m;

　　　ρ_r——岩石密度,t/m^3;

　　　C_o——重量含油率,%。

(二) 资源量计算单元的划分

首先,按照自下而上将层位划分为克下组、克上组下段、克上组上段和八道湾组四个计算单元,其中克上组上段为克上组 1 和 2 砂层组的油砂层,克上组下段为克上组 3 和 4 砂层组的油砂层。

又由于油砂油的物性、开采方式和可采系数等均会随深度的变化而发生较大变化本次按深度范围分两个深度段分别计算油砂资源量,分别为:a. 浅层段 0～80 m,b. 深层段 80～300 m(因研究区内 80～100 m 段范围未见油砂发育,因次将上下油砂层界限定为 80 m)。

(三) 计算参数的确定

(1) 油砂含油率

对吐孜阿肯内沟克上组上段和八道湾组的 23 件含油砂岩样品氯仿"A"分析试验,得出八道湾组的油砂岩含油率为 5.87%～13%,平均含油率为 9.62%;克上组上段的油砂岩含油率为 3.74%～10.91%,平均含油率为 5.8%。

克上组下段和克下组的岩石密度取自《油砂解剖区研究》,其中 0～80 m 的油砂含油率取值为 7.1%,而 80～300 m 的油砂层含油率去 7.2%。

(2) 油砂厚度

① 有效厚度下限标准。油砂的最小可开采厚度为 1 m,因此油砂有效厚度下限定为 1 m,而个别有效率较高且靠近其他油砂体,隔层较小时,可以放宽至 0.5 m。其中夹层的起扣厚度定为 0.2 m。有效厚度的含油率下限定为 3%。

② 有效厚度确定。由于研究区钻井分布较均匀,油砂厚度的算术平均值和面积加权平均值相差不大,因此,采用算术平均值为油砂的有效厚度。按 0～80 m,80～300 m 两个深度段分别划分统计各油砂井的油砂有效厚度。

a. 克下组油砂有效厚度:

埋深 0～80 m 块段油砂有效厚度:研究区克下组埋深 0～80 m 油砂有效厚度

为 4.25～13.3 m,采用算术平均值获得油砂有效厚度为 8.775 m。

埋深 80～300 m 块段油砂有效厚度:研究区克下组埋深 80～300 m 油砂有效厚度为 2～8 m,采用算术平均值获得油砂有效厚度为 8.875 m。

b. 克上组下段油砂有效厚度:

埋深 0～80 m 块段油砂有效厚度:研究区克上组下段埋深 0～80 m 油砂有效厚度为 1.72～6.4 m,采用算术平均值获得油砂有效厚度为 5.34 m。

埋深 80～300 m 块段油砂有效厚度:研究区克上组下段埋深 80～300 m 油砂有效厚度为 1～6 m,采用算术平均值获得油砂有效厚度为 3.375 m。

c. 克上组上段油砂有效厚度:

埋深 0～80 m 块段油砂有效厚度:研究区克上组上段埋深 0～80 m,油砂有效厚度为 4.57～7.66 m,采用算术平均值获得油砂有效厚度为 5.61 m。

埋深 80～300 m 块段油砂有效厚度:研究区克上组上段埋深 80～300 m 油砂有效厚度为 3.5～18.5 m,采用算术平均值获得油砂有效厚度为 9.7 m。

d. 八道湾组底部油砂有效厚度:

埋深 0～80 m 块段油砂有效厚度:在研究区中八道湾组底部油砂分布范围最小,仅有 5 口井具有油气显示,而埋深 0～80 m 的油砂区域仅为露头区,厚度为 6.5 m,但因露头区与其余四口井的油砂砂体据连通性而且四口井的平均厚度高于露头区厚度为 7.45 m,故保守采用露头区的油砂有效厚度为 6.5 m。

埋深 80～300 m 块段油砂有效厚度:研究区八道湾组油砂,埋深 80～300 m 有效厚度为 6.8～8.5 m,采用算术平均值获得油砂有效厚度为 7.45 m。

(3)油砂含油面积

本次利用有效厚度等值线图采用有效厚度范围的水平投影面积作为含油砂面积。并按克下组、克上组下段、克上组上段和八道湾组四个油砂单元来分别编制油砂的含油砂面积图。

① 克下组油砂面积:

a. 埋深 0～80 m 深度段油砂面积:克下组在 0～80 m 深度段的含油砂井仅有黑砂 13 和黑砂 10 两口井,含油砂面积 9.6 km²。

b. 埋深 80～300 m 深度段油砂面积:克下组在 80～300 m 深度段钻揭的含油砂井有克浅 4、克浅 5、黑砂 8 和克 91 井 4 口井,含油砂面积 11.3 km²。

② 克上组下段油砂面积:

a. 埋深 0～80 m 深度段油砂面积:克上组下段在 0～80 m 深度段钻揭的含油砂井有黑砂 8、黑砂 13 和黑砂 10 三口井,含油砂面积 8.7 km²。

b. 埋深 80～300 m 深度段油砂面积:克上组下段在 80～300 m 深度段钻揭的

含油砂井有 966 井、克浅 4、克浅 1、黑 120 和克 91,含油砂面积 9.6 km²。

③ 克上组上段油砂面积:

克上组上段是研究区内的主力产层,各油砂单元中此段的油砂面积最大,达到了 49.77 km²,而且近 65% 的油砂资源来之此单元。

a. 埋深 0~80 m 深度段油砂面积:克上组上段在 0~80 m 深度段钻揭的含油砂共井有 6 口,含油砂面积达到了 20.2 km²。

b. 埋深 80~300 m 深度段油砂面积:克上组上段在 80~300 m 深度段的钻揭含油砂井共有 13 口,含油砂面积达到了 29.57 km²。

④ 八道湾组底部油砂面积:

八道湾组的油砂在全区分布较少,主要集中在由吐孜阿克内沟露头区向南到克浅 6 和克浅 26 井的小块区域。

a. 埋深 0~80 m 深度段油砂面积:八道湾组 0~80 m 深度段仅有露头区可见油砂发育,但露头区向南的四口井均发现了油气显示,所以将改组在此深度段的含油面积圈定为露头区向南的一部分区域,含油面积仅为 1.36 km²。

b. 埋深 80~300 m 深度段油砂面积:八道湾组 80~300 m 深度段钻揭的含油砂井有 970、966、克浅 6 和克浅 26 四口井,含油面积为 8.8 km²。

（4）油砂岩石密度

对吐孜阿克内沟克上组上段和八道湾组的 12 件含油砂岩进行物性分析试验,得出岩石的密度为 1.77~2.17 g/cm³,平均密度为 1.90 g/cm³。其中克拉玛依上亚组上段岩石密度为 1.99~2.17 g/cm³,平均岩石密度为 2.03 g/cm³;八道湾组的岩石密度为 1.77~1.93 g/cm³,平均岩石密度为 1.85 g/cm³。

克拉玛依上亚组下段和克拉玛依下亚组的岩石密度取自《油砂解剖区研究》中黑油山—三区露头及井下的 32 件含油砂岩、砂砾岩、含油砾岩样品的岩石平均密度 2.07 g/cm³。

（5）可采系数

可采系数是指可采资源量占地质资源量的比例,是地质资源量换算成可采资源量的关键参数。由于不同地区的油砂成藏条件、油砂油资源特征以及开采条件等方面存在明显差异,因此具有不同的可采系数。

0~100 m 深度范围内油砂资源可以采用露天开采方式,开采条件较好已发现矿带可采系数基本上取 0.85,预测资源的可靠性不高,可采系数取值基本在 0.5~0.6。

100~500 m 深度范围内的油砂资源可以采用巷道开采、蒸气吞吐、蒸汽辅助重力卸油(SAGD)等方式开采。巷道开采与采煤相似,采收率可以达 50% 以上;据报道,我国辽河油田曙一区杜 84 重油区块成功地进行了 SAGD 先导试验,这种技术预计可以使稠油的采收率由以前的 23% 提升到 50% 左右。我国的油砂开采近期会集中到浅层,而今后随着技术的进步,油砂地下开采法的采收率将有进一步的提高。综合考虑以上情况,已发现矿带的可采系数取值基本可取 0.3～0.4。

准噶尔盆地 0～100 m 深度范围的油砂可采系数为 0.5～0.85,100～500 m 范围内可采系数为 0.25～0.4。

综合以上信息,又由于研究区的资源量级别仅为控制资源量,故对研究区油砂可采系数进行保守取值,0～80 m 深度范围的可采系数取 0.6,80～300 m 范围可采系数取值为 0.3。

(四) 资源量计算结果

(1) 地质资源量

① 80 m 以浅地质资源量。其中该深度段八道湾组的地质资源量为 94.85×10^4 t,克上组上段的资源量为 1 918.56×10^4 t,克上组下段的资源量为 682.79×10^4 t,克下组的资源量为 842.08×10^4 t。整个研究区的 0～80 m 深度段的总的地质资源量为 3 934.29×10^4 t。

② 80～300 m 深度段地质资源量。在该深度段中,八道湾组的地质资源量为 703.46×10^4 t,克上组上段的资源量为 5 601.37×10^4 t,克上组下段的资源量为 482.89×10^4 t,克下组的资源量为 842.08×10^4 t,整个研究区的 80～300 m 深度段的地质总资源量为 7 629.79×10^4 t。

计算得研究区总的地质资源量为 11 564.08×10^4 t。

(2) 可采资源量

① 80 m 以浅可采资源量:该深度段可采系数取值为 0.6,因此八道湾组、克上组上段、克上组下段和克下组的可采资源量分别为 56.91×10^4 t,1 151.14×10^4 t,409.68×10^4 t 和 742.85×10^4 t。

② 80～300 m 深度段可采资源量:该深度段可采系数取值为 0.3,可计算得八道湾组、克上组上段、克上组下段和克下组的可采资源量分别为 211.04×10^4 t,1 680.41×10^4 t,144.87×10^4 t 和 252.62×10^4 t。

计算可得 80 m 以浅总的可采资源量为 2 360.57×10^4 t,80～300 m 深度段总的可采资源量为 2 288.94×10^4 t,研究区总的可采资源量为 4 649.51×10^4 t。

(五) 资源量可靠性分析

为了确保本次资源量计算的准确性,项目组做了详细的野外地质考察,对吐孜阿克内沟的克上组与八道湾组油砂露头区进行了详细描述,并对两个剖面分别编制了精细的断面写实图;采集了大量的油砂岩样,并对岩样做了大量的物性和含油性分析试验,获得了较准确的资源量计算所需要的孔隙度、岩石密度和含油率等计算参数,通过对岩样进行族组分分析化验以及对砂体薄片进行仔细的观察,了解到研究区油砂岩的岩石学特征;在收集大量研究区各井的录井、测井以及含油性资料的基础上,结合前人对研究区内一些区域的研究成果,绘制出 14 幅联井剖面对比图,使得对研究区的砂体展布有了较清晰的认识,并在此基础上绘制了各层段的砂体厚度等值线图,油砂有效厚度图和油砂面积图,这些都为资源量的准确求取提供了重要保障。

当然在研究过程中,也存在一定的问题。首先,此次的研究未对断层进行详细的分析,对了解砂体的连续性及展布情况的研究带来一定困难。其次,油砂区与稠油区的分界深度究竟是多少,并没有有效方法来获得,可能导致有效厚度的求取的不确定性,对资源量计算方法的选取带来困难,将直接影响油砂的资源量计算结果的准确性。

综上所述,虽然本次的资源量计算存在一些问题,但本次研究对于研究区油砂的形态、物性、厚度变化趋势有了较深入的了解,经过综合分析确定了资源量计算参数值,已经基本符合控制资源量的计算要求,故可以确定本次的资源量计算是可靠的。

THE SIXTH CHAPTER

第六章

阿尔伯达盆地油砂勘探与开发

加拿大在油砂重油资源储量、油砂开采技术水平和合成原油产量上均居于世界第一位,其资源量可满足加拿大未来 250 年的石油能源需求。油砂主要产于西部的阿尔伯达盆地白垩系地层中,主要分布在三大油砂含矿区,即阿萨巴斯卡(含瓦巴斯卡)、冷湖和皮斯河含矿区。油砂的勘探从 1719 年开始,经历了漫长曲折的过程,目前对油砂资源分布、成藏条件和成藏模式已有详细的研究。油砂已进入开采阶段,露头采矿是主要的开采技术,原位开采目前还处于研究和商业试验阶段。

第一节　油砂地质特征概述

一、盆地概况

(一) 盆地地理位置

阿尔伯达盆地位于加拿大西部,是在克拉通边缘盆地之上发育的前陆盆地。其主体分布在阿尔伯达省,盆地面积为 30×10^4 km²。盆地地层最厚处约为 6 000 m(图 6.1)。几乎从泥盆系至上白垩统均有油气藏分布。盆地内重油和油砂资源非常丰富,集中分布在盆地东翼浅部的白垩系下部,总体上处于白垩系与前白垩系地层不整合面之上(图 6.2)。

(二) 地层及沉积特征

阿尔伯达东北地区的油砂沉积盖层是整个阿尔伯达地区最薄的部分。在 Fort McMurray 和 Athabasca 湖区之间,沉积盖层全部被剥蚀,花岗质岩石直接出露于地表。沉积物厚度从西部向西南迅速增加。盆地地层发育齐全,白垩系和新生代地层厚度较大(图6.3)。

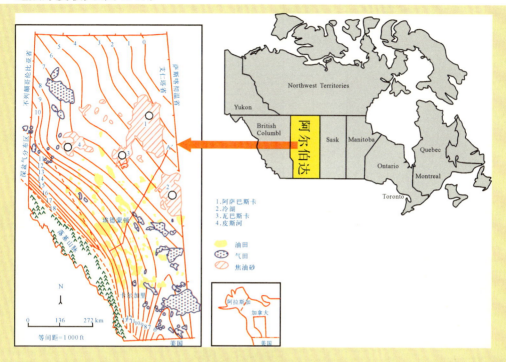

图 6.1　阿尔伯达盆地地理位置图

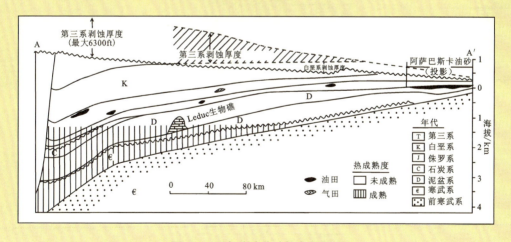

图 6.2　阿尔伯达盆地综合剖面图

　　油砂主要发育在白垩系的 McMurray 组、Clearwater 组和 Grand Rapids 组中。
McMurray 组为水进体系域沉积,主要由河流、三角洲平原和潮流影响的河口沉积
构成。在早白垩世,阿萨巴斯卡地区以极缓的向北倾斜的斜坡和高沉积物供应速

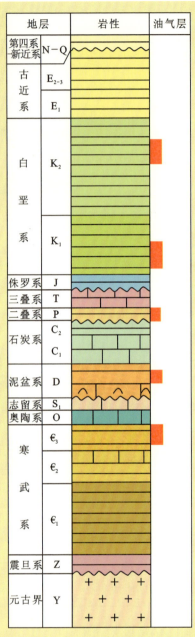

地层		岩性	油气层
第四系 新近系	N-Q		
古 近 系	E₂₋₃		
	E₁		
白 垩 系	K₂		
	K₁		
侏罗系	J		
三叠系	T		
二叠系	P		
石炭系	C₂		
	C₁		
泥盆系	D		
志留系	S₁		
奥陶系	O		
寒 武 系	€₃		
	€₂		
	€₁		
震旦系	Z		
元古界	Y		

图 6.3　阿尔伯塔盆地地层综合柱状图

率为特征。主要的河流体系集中分布在 NNW-SSE 走向的低地("主河谷"),并沿着该主河谷发育(图 6.4a)。随着北部海侵逐渐向南部发展,在主河谷逐步发育河口湾和咸水海湾沉积(图 6.4b)。Clearwater 组沉积时期,海侵已遍布全区。大部分地区沉积了海相页岩。局部滨岸地区沉积了砂岩(图 6.4b)。Grand Rapids 组时期,海水分别从南部和北部退出,主要为过渡相沉积。整个时期均为亚热带沉积,陆相和海相植物均很繁盛。随后的白垩系地层沉积为几百米厚的海、陆相沉积,地层整体向西南方向缓倾。

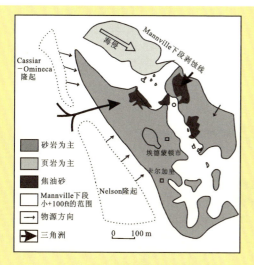 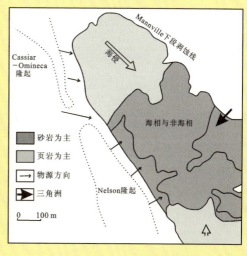

a. Mannville 下段沉积格架图   B. Mannville 上段沉积格架图

图 6.4　阿尔伯达盆地 McMurray 组沉积期岩相古地理图(据 Jardine,1974)

(三) 构造特征

艾伯塔地区地层倾向南西,沿其倾向地层深度每千米下降约 4.5 m(图 6.2)。在寒武系剥露区域为一走向南北的背斜,贯穿整个油砂区。本区分布有几条大型基底剪切带,其走向为北东向至南西向。这些断裂可能是运移过程中的重要通道。在艾伯塔地区的东北部,白垩系地层相对较为平坦。在较为平坦的白垩系地层和出露地表且随倾向逐渐加深的前寒武地层之间为逐渐增厚的泥盆系地层。在西部地区地层单元中存在其他一些碳酸盐岩储层。

二、主要油砂含矿区分布及资源量

阿尔伯达盆地共有阿萨巴斯卡(含瓦巴斯卡)、冷湖和皮斯河三大油砂含矿区(图 6.1、图 6.5)。三个含矿区总地质资源量为 $3\,825 \times 10^8$ t(已发现资源量为 $2\,707 \times 10^8$ t,潜在资源量为 $1\,118 \times 10^8$ t),可采资源量为 383×10^8 t,采收率在 10% 左右,层位以泥盆系和白垩系最多。其中阿萨巴斯卡(含瓦巴斯卡)、冷湖和皮斯河三大油砂矿资源量见表 6.1。由该表可知,阿尔伯达盆地 79% 的油砂资源分布在阿萨巴斯卡油砂矿。

表 6.1　阿尔伯达盆地油砂矿已发现资源量

矿区	已发现资源量		
	$\times 10^9\ m^3$	$\times 10^8\ t$	BBO
阿萨巴斯卡	214.40	2 144	1 348.9
皮斯河	22.28	222.8	140.2
冷湖	34.04	340.4	214.2
总计	270.72	2 707.2	1 703.3

注:油砂油密度取 1 t/m³。

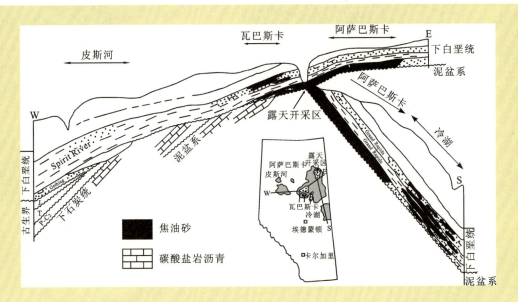

图 6.5　艾伯塔盆地下白垩统油砂各区栅状综合对比示意图(据 Kramers 等,1976)

第二节　阿尔伯达盆地油砂勘探

一、油砂勘探历程

最早提及阿尔伯达油砂的记录应归功于英国探险者 Henry Kelsey。1719 年,作为 Hudson 海湾公司贸易 York 工厂的经理,Kelsey 注意到杂志中有北美印第安克里族的人(叫 Wa-Pa-Su)给他一个样品,并说"那块树脂或沥青是从河的岸边流出的。"

西北部公司的毛皮贸易商及探险家 Peter 被认为是第一个到达阿尔伯达地区的欧洲人,时间是 1778 年。Peter 看到了有关油砂的相当多的记载,这些记载来自于探险家 Alexander Mackenzie 1789 年对整个阿尔伯达地区的穿越。1819 年 John Richardson 先生应 John Franklin 先生的邀请对该区进行了考查,他正确地论述了油砂在本区连续分布且覆盖在更老的泥盆系灰岩上。John Macoun 是一个植物学家,他受加拿大地调局(GSC)的一个小组委派去寻找铁路修建路线,正是他对所发现的油砂露头和天然沥青的详细描述,导致加拿大地调局对此展开进一步勘查。

加拿大地调局最初是将其勘探集中在靠近 Athabasca Landing 的 Fort Mc-Murray 南部区域。Robert Bell 博士,R. G. McConnell 博士和 George M. Dawson 博士领导了勘查,1896 年在 Athabasca Landing 打了一口钻井,深度接近 600 m,但是没有发现原油。钻井设施运送到 Pelican Rapids 地区,该地区 1896 年曾打过钻井,但是原油仍未发现。Alfred Von Hammerstein 是一个德国伯爵,他在 Fort McMurray 南部地区打了 8 口井,试图寻找原油,但一无所获。然而他的勘探工作的确进一步推动了油砂勘探在本区的发展进程。Alfred Von Hammerstein 到 Ottawa 向联邦政府的参议院递交了一份报告,报告的中心主题就是对油砂沥青进行利用以获取沥青。

联邦政府对 Athabasca 油砂重新开展工作始于 1913 年。1925 年加拿大政府开始核心钻井计划,设计提取样本,随后航运到渥太华的矿床部实验室进行进一步分析。1926 年加拿大地质学家 Ells 在本区部署了 41 口钻井,其中的大多数在 Horse River Reserve 地区,这些钻井中的有 2 口属于阿尔伯达政府。1930 年阿尔伯达省授权对所有的资源控制。1962 年有阿尔伯达政府批准大加拿大油砂公司首先开始油砂生产。1963 年太阳石油公司决定重返分离工厂为大加拿大油砂公司服务。1967 年大加拿大油砂公司开始生产原油。1974 年阿尔伯达省批准二次生产合成油,形成原油公司联盟。

二、目前的主要勘探成果

(一)主要含油砂层系

阿萨巴斯卡是阿尔伯达盆地中最大的油砂矿,68%的油砂储集在下白垩统 Mannville 群砂岩中(包括阿普特阶 McMurray 组、阿尔必阶 Clearwater 组和 Grand Rapids 组),而 32%储集在下伏的泥盆系 Grosmont 和 Nisku 组碳酸盐岩中。在 Mannville 群中,94%的油砂储集在 McMurray 组矿层中,该矿层主要由河流、三角洲平原和潮流影响的河口沉积构成。因泥盆系油砂矿层埋深较大,不具开采价值,因此目前研究程度较差(图 6.6)。

冷湖油砂矿油砂同样赋存在下白垩统（阿普特阶—阿尔必阶）Mannville 群。该群由互层的砂岩页岩和薄煤层组成。与阿萨巴斯卡不同的是，冷湖油砂矿接近 90％的油砂储量赋存在 Clearwater 组和 Grand Rapids 组中，而非 McMurray 组中（图 6.6）。

皮斯河油砂矿是加拿大油砂矿中研究程度最低的。油砂赋存在阿普特阶—阿尔必阶的 Gething、Ostracode 和 Bluesky 组砂岩之中（图 6.6）。Gething 组与阿萨巴斯卡油砂矿的 McMurray 组在沉积时间上是相当的，主要的含油砂层为河道砂。Ostracode 组底部为河道砂，向上过渡为河口湾、三角洲砂岩。Bluesky 组由细到中粒、分选较好的石英砂岩组成（图 6.6）。

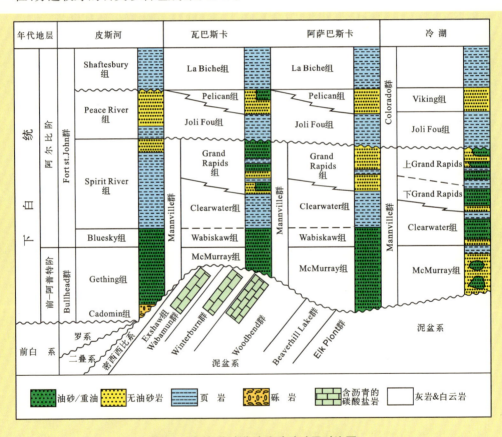

图 6.6 阿尔伯达盆地油砂矿矿层对比图

（二）主要含矿区白垩系油砂地质特征

1. 阿萨巴斯卡（含瓦巴斯卡）含矿区

McMurray 组矿层油砂的岩性特征由下到上具有一定的变化（表 6.2）。下 Mc-

Murray组为分选较差的含粗砾石英砂岩;中、上McMurray组为分选极好的极细砾—细砾石英砂岩。油砂岩孔隙度一般为20%～40%(平均为35%),渗透率为3～12D。沥青含量在0～18%(按重量)。高孔隙度的纯净砂岩含油饱和度较高,含油饱和度在最净最粗的砂岩中可达85%(按体积);低孔隙度的泥质砂岩含油饱和度相应较低,在细粒和泥质含量较高的砂岩中含油饱和度降低到70%～75%(表6.3)。

表6.2　阿尔伯达盆地油砂矿岩石学特征

油砂含矿区	矿层	岩性
阿萨巴斯卡(含瓦巴斯卡)含矿区	下McMurray组矿层	含粗砾石英砂岩
	中、上McMurray组矿层	极细砾—细砾石英砂岩
冷湖含矿区	Clearwater组矿层	未固结的极细到中粒的长石岩屑砂岩
皮斯河含矿区	Ostracode组油砂层	细到中粒的富燧石砂岩
	Bluesky组	细到中粒的石英砂岩

表6.3　阿尔伯达盆地油砂矿储层特征

油砂含矿区	孔隙度/%	渗透率/D	沥青含量/%(按重量)	含油饱和度/%(按体积)
阿萨巴斯卡(含瓦巴斯卡)含矿区	20～40(平均35)	3～12	0～18	85
冷湖含矿区	30～40	2～3	2～16(平均10)	65
皮斯河含矿区	25～31	0.1～3	80	

2. 冷湖油砂含矿区

冷湖油砂矿油砂Clearwater组矿层岩性为未固结的极细到中粒的长石岩屑砂岩(表6.2)。长石溶蚀生成的次生孔隙,一般能达到总孔隙度的3%,局部可达15%。Clearwater组矿层孔隙度一般为30%～40%,渗透率2～3D。含油率2%～16%(按质量),一般为10%,经济可采下限6%。原始含水饱和度20%～35%。沥青含量随着粒度增加和细碎屑含量减少而增加。沥青含量和与沉积相之间具有一定的相关性:以粗砂、泥质含量低的河流相为主的沉积物沥青含量最高,而远端滨外沉积,粒度较细,泥质含量较高,沥青含量最低(图6.7)。

3. 皮斯河油砂矿地质特征

Ostracode组油砂层岩性为细到中粒的富燧石砂岩,Bluesky组油砂层岩性为

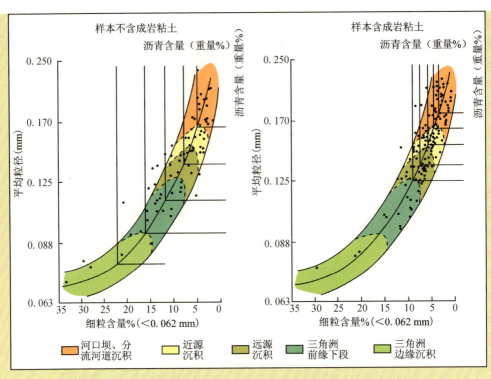

图 6.7　冷湖油砂矿 Clearwater 组平均粒径与细粒(泥质)含量交会图

细到中粒的石英砂岩(表 6.2)。它们的孔隙都是以粒间孔为主,含有少量次生孔隙。自生矿物包括石英和长石的次生加大、黄铁矿、高岭石和伊利石。矿层孔隙度为 25%~31%(平均为 28%)。湾头三角洲砂岩中的渗透率为 100~1 000 mD,而潮控三角洲砂岩中的渗透率为 1 000~3 000 mD。垂向渗透率在潮控三角洲砂岩中是最好的。含沥青饱和度在主要的油砂带中平均为 80%(表 6.3)。

(三) 主要含矿区白垩系油砂分布特征

目前油砂资源分布已经初步探明。阿尔伯达盆地油砂矿厚度较大,阿萨巴斯卡(含瓦巴斯卡)油砂矿 Wabiskaw-McMurray 组矿层平均净厚度为 5~35 m,净/毛厚度比为 0.1~0.8(平均 0.4),绝大部分矿床净油砂层厚度为 0~30 m,沿"主河谷"轴部的零散区域厚度可大于 70 m,特别是在地表可采区域厚度较大(图 6.8)。

冷湖油砂矿厚度较阿萨巴斯卡(含瓦巴斯卡)油砂矿更大,该区油砂矿主要储存在阿尔必阶 Clearwater 组和 Grand Rapids 组中,Clearwater 组一般厚度是 20~30 m,最大可达 43 m。Clearwater 组可以划分为三个矿层单元(C-1、C-2 和 C-3),矿层单元之间被薄层页岩分开。C-3 砂岩层厚度为 12~20 m,C-2 砂岩层厚度为 2~5 m,C-1 砂岩层厚度为 3~5 m。Grand Rapids 组油砂层毛厚度达 60~

120 m。其可采厚度分布见图 6.9。

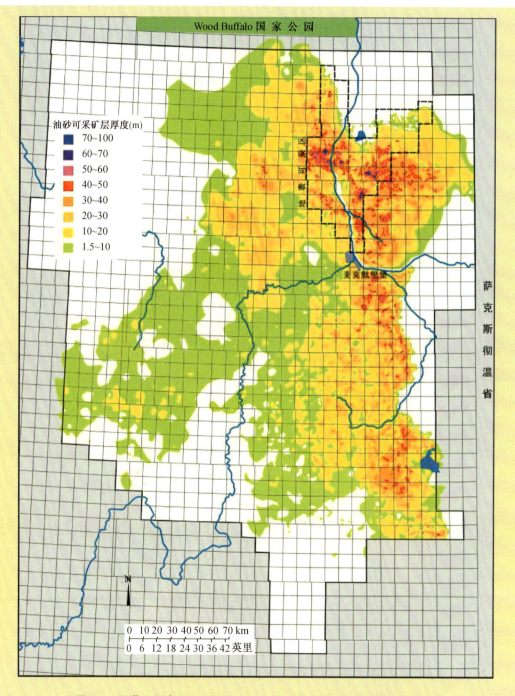

图 6.8　阿萨巴斯卡 Wabiskaw-McMurray 层段油砂可采矿层厚度分布图

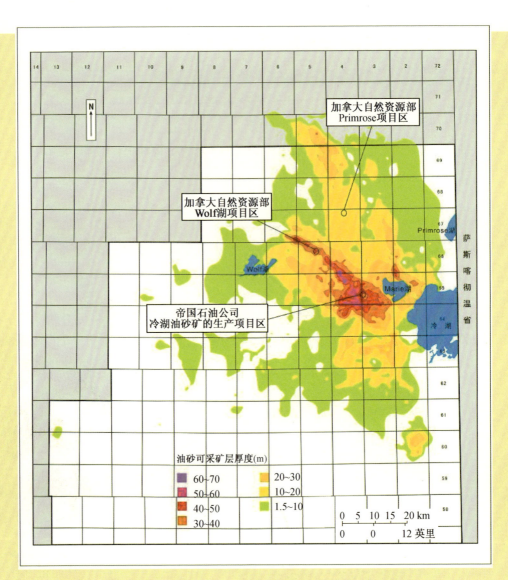

图 6.9 冷湖油砂矿 Clearwater 组油砂可采矿层厚度分布图

第三节 阿尔伯达盆地油砂成藏理论探索

一、油砂分布与圈闭的关系

从阿尔伯达盆地三个主要油砂矿的油砂分布特征及与构造的关系来看,油砂的形成和分布主要受构造—岩性复合圈闭的控制,部分受地层圈闭控制。其中阿萨巴斯卡油砂矿区、冷湖油砂矿区主要发育构造圈闭,而皮斯河油砂矿区主要发育地产层圈闭。

首先介绍一下巴斯卡油砂矿和冷湖油砂矿的构造—地层圈闭。阿萨巴斯卡油砂矿区下白垩统 Wabiskaw-McMurray 组油砂矿层处于构造—地层圈闭中。区域上,油砂矿区沿一个宽缓的背斜岭分布,这个背斜岭沿南南东方向从阿萨巴斯卡油砂矿区延伸到南方的劳埃德明斯特地区(图 6.10,图 6.11)。沥青在盆地东部圈闭在黏滞不动的"沥青封闭"中,在南边和西南被盐溶和下伏古生代部分的古地形所导致的隐蔽的背斜所圈闭,局部被油砂矿区边界内的河道充填和侧向的沉积尖灭圈闭。

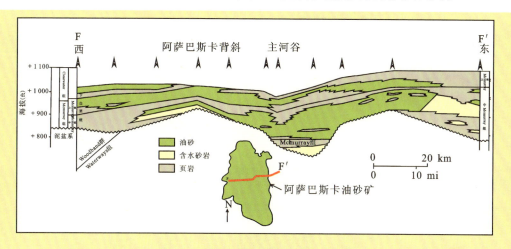

图 6.10 阿萨巴斯卡油砂矿构造剖面图

冷湖油砂区的下白垩统(阿尔必阶)Clearwater 组和 Grand Rapids 组圈闭类型均为构造—地层圈闭,具有相同的构造形态和封闭机制。沥青聚集在一个巨大的盐溶背斜中,但是在每个矿层中,沥青因矿层砂岩的侧向沉积尖灭局部地聚集在大量的河流和河口河道充填的圈闭中。因而,冷湖地区由许多叠置的独立矿藏组成(图 6.12)。

皮斯河油砂矿区则以地层圈闭为主(图 6.13),该矿区区域上为一个向西南倾斜 0.3°的单斜,油砂矿位于下白垩统 Blusky,Ostracode 和 Gething 组砂岩组成的地层圈闭中。圈闭由皮斯河砂岩上超尖灭在古构造高地上形成。顶部盖层是上覆的 Spirit 河组 Wilrich 页岩段的海相页岩,而东南方向则是由储层砂岩向河口湾泥岩的侧向沉积尖灭构成侧向封闭。

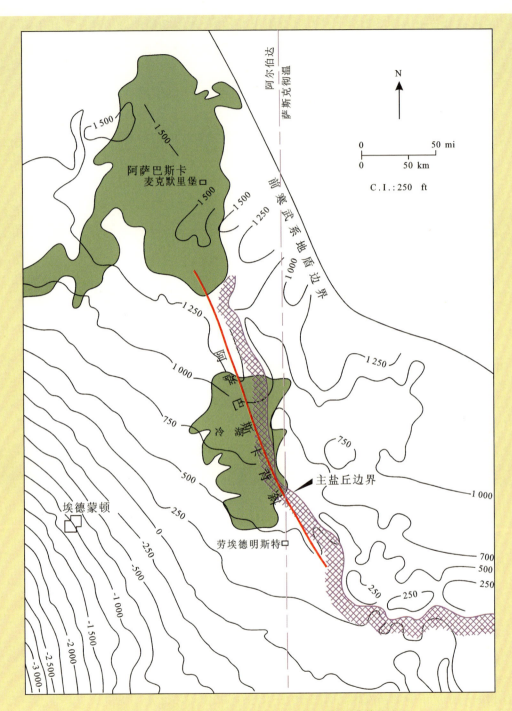

图 6.11 阿萨巴斯卡油砂矿 Munnville 群顶部构造等值线图

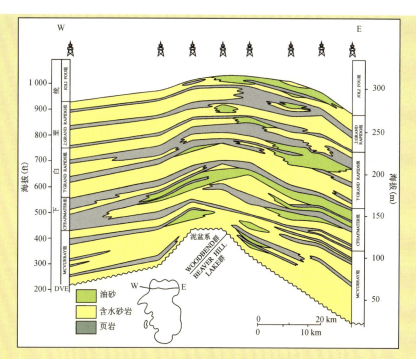

图 6.12 冷湖油砂矿构造剖面图

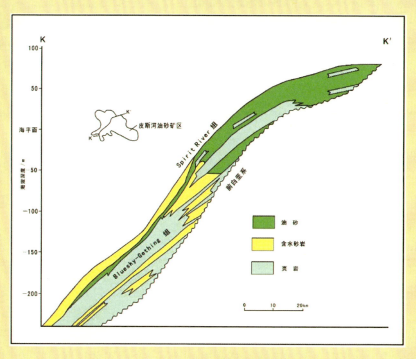

图 6.13 皮斯河油砂构造剖面图

二、成藏条件和成矿模式

1. 成藏条件

阿尔伯达盆地的演化可分成两个阶段：中侏罗世以前为克拉通边缘阶段；中侏罗世至今为前陆盆地阶段。阿尔伯达盆地的烃源岩在两个阶段中都极为发育，但是油砂的主要烃源岩来自于克拉通边缘沉积。丰富的油源为盆地内大量的常规油气、稠油和油砂资源的形成奠定了物质基础。前陆盆地阶段是盆地内储盖的主要发育期，该阶段的构造演化和构造格局对油气的生成和运移以及聚集成矿起了重要作用。

（1）烃源岩发育阶段——上泥盆统—中侏罗世被动边缘阶段

阿尔伯达盆地被动大陆边缘阶段发育了多套优质的烃源岩，自下而上分别为上泥盆统 Duvernay 组、泥盆系—下石炭统 Exshaw/Bakken 组、三叠系 Diog 组及侏罗系 Nordegg 组烃源岩。在被动边缘阶段，阿尔伯达盆地发育被动大陆边缘沉积楔形体，西厚东薄。海侵通常是自西向东，形成了多层分布广泛的烃源岩。被动边缘阶段沉积物以碳酸盐岩和泥岩为主。

（2）储盖组合发育阶段——早白垩世以来前陆盆地阶段

经过中侏罗—早白垩世的哥伦比亚造山运动，阿尔伯达盆地形成了区域性的不整合面——前白垩系不整合面。下白垩统 Mannville 群角度不整合地覆盖在被动大陆边缘地层之上。阿尔伯达盆地白垩系重油和油砂均赋存于下白垩统 Mannville 群中。Mannville 群油砂层一般为三角洲砂体或河流砂体、部分为滨浅海滩坝砂体。早期主要为河流相沉积，局部地区以拗陷或地堑式沉积为主，物源来自于东北部前寒武系和西部的隆起，有的高地并未接受沉积。进入晚期沉积时期，Boreal 海开始从北部向先前的陆地海侵，形成三角洲和海湾沉积。Clearwater 组沉积时期，海侵已遍布全区，大部分地区沉积了海相页岩，局部滨岸地区沉积了滨海砂岩。在 Grand Rapids 组沉积时期，海水分别从南部和北部退出，主要为过渡相沉积。油砂区砂岩储层发育，海侵时期形成的 Clearwater 组及 Colorado 群 Joli Fou 组页岩形成了区域性的油砂盖层。

（3）油气远距离运移动力和通道条件分析

阿尔伯达盆地内油气的大规模生成和运移发生在中晚白垩世之后，至始新世中期拉拉米运动结束后终止。在此之前，只可能在某些地区有次要的油气生成和运移。此时油砂区下白垩统 Mannville 群已经沉积。晚白垩世—早第三纪，在西加拿大前陆盆地的更深部，油砂矿区的西南方向，被动大陆边缘阶段形成的烃源岩达到了成熟生油高峰。油气沿着不整合面、Mannville 群大规模连通砂体、区域性地下水流动方向自西向东进行长距离运移。据推测,阿萨巴斯卡油砂矿中的重油油砂的运移路径至少为 360 km,皮斯河油砂矿中的重油油砂运移路径至少为80 km。

(4)重油和油砂成矿(成藏)条件综合分析

总体来看,阿尔伯达盆地形成大型油砂矿的一个基本前提是盆地经历了从被动陆缘到前陆盆地的构造演化(图6.14),这为油砂成矿提供了4个基本条件:

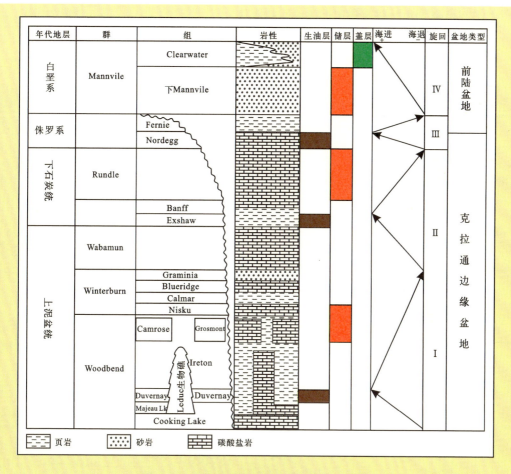

图6.14　阿尔伯达盆地构造演化阶段划分图

① 在被动大陆边缘阶段沉积的多套优质烃源岩为盆地重油和油砂资源的形成提供了坚实的物质基础。

② 在前陆盆地演化阶段,从加拿大地盾区向前渊凹陷区发育的河流、三角洲和滨海沉积形成了良好的储盖组合以及大范围连通的砂体,为油气远距离运移提

供了通道条件。

③ 拉拉米运动时期,在前渊凹陷中,早期沉积的烃源岩在上覆地层埋藏压力的作用下,开始成熟并发生运移,与拉拉米构造运动有关的自西向东区域规模流体流动,为油气远距离运移提供了动力条件。

④ 古近纪—新近纪,古近系前陆楔形体开始隆升,阿尔伯达盆地东北部被强烈抬升,烃源岩停止排烃,巨大的白垩系砂岩体被剥蚀,白垩系出露地表,油层遭受广泛的水洗和生物降解作用形成稠油和油砂。

2. 成矿模式分析

丰富的油源、良好的砂体作为矿层(储层)、不整合面和稳定的砂体等构成油气运移的疏导体系,以及烃类降解稠化是重油和油砂富集成矿(成藏)的主要因素。阿尔伯达前陆盆地具有良好的重油和油砂富集成矿(成藏)要素组合,是重油和油砂富集成矿(成藏)有利盆地。阿尔伯达盆地重质油藏和油砂矿处于盆地东部前缘隆起区和斜坡带上,其重油和油砂(成矿成藏)模式为斜坡降解型(图 6.15)。

在白垩纪,阿尔伯达前陆盆地西侧的落基山脉由于受太平洋板块向东俯冲于北美板块之下所产生的近东西向的挤压作用,使得盆地东北部的下白垩统 Mannville 群及其等效地层从未深埋过,几乎没有发生成岩作用,原生空隙得以保存,矿层物性极好;同时也使得盆地西部泥盆系到中侏罗世的烃源岩层系深埋,生成并排出大量的油气,这些油气通过不整合面、渗透性砂岩体自西向东、向隆起区斜坡带进行长距离的运移至 Mannville 群及其等效地层中,由于埋深浅,处于氧化环境,运移至此的油气随后氧化、生物降解形成稠油和油砂。

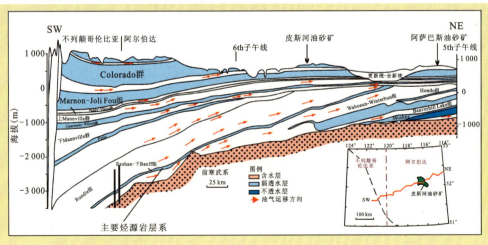

图 6.15　阿尔伯达盆地斜坡降解型成矿模式示意图

第四节　阿尔伯达盆地油砂开发现状

一、加拿大油砂露头开采技术全球领先

顿铁军(1995)详细介绍了加拿大油砂的露头开采情况。加拿大拥有 Suncor 和 Synerude 等名牌公司,它们资金雄厚、技术先进、设备齐全,产能旺盛,使加拿大的油砂露头开采技术名扬四海。

加拿大早在 200 多年前已经认识到巴斯卡油砂的资源潜力,但直到 20 世纪 60 年代才开始投入商业生产。加拿大油砂公司 Suncor 于 1962 年开始建厂,到 1967 年投产。是一家开办最早、技术实力雄厚的公司。1978 年第一桶合成原油开始输入管道。1983 年投入 160 亿加元进行扩建,增加生产能力,到 1998 年已具有日产 20 000 桶的生产能力。

Synerude 公司在该区开发了世界上最大的露天矿之一,采矿区面积为 25 km^2,南北方向延伸 4.2 km。矿区分为 4 个方块,每个方块各有一台拉索铲挖掘机和斗式转载机。拉索铲挖掘机、破碎机等可用于辅助进料。在露头采矿之前,对地表土层进行剥离,这些地面工程由水力挖掘机和 170t 的卡车来完成。抽提流程由 4 套相同的机组组成。在抽提厂,用热水把沥青分离出来,然后用石脑油把这些沥青沫加以稀释,使用离心机把残余的水和固体残渣从沥青里分离出来。然后把干沥青放在流体焦化炉和加氢处理装置中进行精炼。油砂中沥青的采收率为 90%。精炼的最终产物为合成原油。Syncrude 公司形成了一个开采—精炼—运输的系统工程。

二、开展了更先进的原位开采技术试验

如果油砂沉积矿的深度超过 75 米,进行地表采掘的设施将无法运用,那么对于地表开采而言就没有经济可行性。因此,最终可采储量中仅仅有 20%可供地表开采,而其余的 80%则需要一些必要的原地提取。

从 20 世纪初期开始,加拿大对于原地开采就有很多尝试,但这些尝试大部分都设计简单而且仅能生产很少数量的沥青。直到 20 世纪中叶,技术的提高才使原地开采向前继续发展。许多开采方法在此过程中被测试,单独采掘或混合其他方法进行了试验。这包括多种方法,例如蒸汽注入法、原地燃烧法、超声波、微波及电磁能的应用;注入水、聚合物、碱液和溶剂。作为活动能力的指标,阿尔伯塔能源和

公共事业委员会列了 340 个项目,这些项目开始于 1959 年,其中一些试验性的提取方法已经被批准。直到今天,在 3 个油砂地区仍有 22 个原地提取沥青项目在试验,其中有 11 个商业项目和 11 个试验项目,这些方法中的大部分均采用了蒸汽注入法。主要的原位开采试验项目如下:

1. 循环蒸汽驱动法

循环蒸汽驱动法(CSS)技术是由帝国石油公司在冷湖地区发展的。1958 年至 1962 年间,开发井的钻探最终促成了 1964 年埃塞尔早期项目的建立。另外,也有一些提取措施得以测试,其中包括循环蒸汽注入法和原地燃烧法。到 1975 年,尽管埃赛尔和 May 公司都有尝试,但帝国石油公司已经证实了 CSS 在冷湖地区的可行性。1985 年在 Lemming 的第三家试验工厂为将 CSS 技术商业化奠定了基础。

2. 压力循环蒸汽驱动

20 世纪 60 年代,壳牌公司在和平河地区办了 3 个小型试验工厂,开始进行试验工作。1973~1974 年,试验在没有碎裂的情况下进行高压热蒸汽注射并取得了很好的生产效果。1979 年,与阿尔伯塔油砂技术研究委员会合作,压力循环蒸汽驱动法得以发展。1986 年壳牌公司在和平河开发项目中开始了商业运作。随着技术上取得的成功,1990 年这项计划发展成为蒸汽辅助重力泄油(SAGD)和多井蒸汽注射系统的联合体。

3. 蒸汽辅助重力泄油

早在 20 世纪 70 年代末至 80 年代初,Roger Butler 博士及卡尔加里大学首先注意到蒸汽辅助重力泄油技术并由此发展了其理论基础。他一直致力于发展一种可持续加热和生产的系统,而对不能持续进行的 CSS 系统则不感兴趣。Butler 博士测试了垂直井的生产率,发现垂直井的产率太低以至于无法使蒸汽辅助重力泄油(SAGD)方法产生经济效益,由此他提出了应用水平井的蒸汽辅助重力泄油方法这个概念。他最终发展了理论公式以支撑该想法。蒸汽辅助重力泄油测试最终于 1978 年在冷湖地区进行了实施。

在项目的先期实施过程中,60% 的采收率极大地鼓舞了生产商们,其后期工作又进一步促进了研究的进展。20 世纪 80 年代末和 90 年代初,水平钻探技术发展迅速。对于蒸汽辅助重力泄油方法来说,注入井和生产井的方向及分隔距离已经被精确地控制,这种能力在 20 世纪 90 年代中期已完全达到可行。从 1996 年开始,在 UTF 地区从地表钻探了几组井,这些钻井的效果同从坑道进行的钻井效果进行比较,二者可以媲美。另外一项至关重要的因素是 AOSTRA 发展了计算机模拟技术,该技术可以最优化设计和模拟 SAGD 水平井的操作过程。伴随着 UTF 项目的进展,控制砂体产量和防止蒸汽进入生产井的技术也得以发展。

三、油砂的冷提取

在瓦巴斯卡地区的储层和冷湖南部地区的储层,其中沥青在原始状态或"冷状态"下可以采收,这就是说在引导沥青流动到井孔前不需要给储层输入额外的能量。与其他地区的沥青相比,本地的沥青经历了较低阶段的生物降解,因而其密度低、黏度小,易于流动。

1. 冷湖

冷湖地区的矿藏易于初级开采,大多数项目均采用垂直井。在 1990 年前,开采沥青产生的砂子引起电泵零件的过度磨损而且降低了产量和生产率。20 世纪90 年代初空腔泵的发展和大规模的应用成为当时的一个巨大革新。这种泵非常适于处理砂子,实际上,开采商们发现混合着砂子的油体很容易获得高的生产率,尤其是在钻井初期。事实表明在砂子产生的过程中,一个易于流体通过的通道或者说是"热洞"也随之形成并扩展。这些导致生产率显著提高,操作成本降低而且经济效益显著改善,采收率也由 3% 升到 10%。

2. 瓦巴斯卡

在瓦巴斯卡地区,最初用于生产的尝试也是垂直井,其产率也很低。直到1990 年,随着水平井技术的推广应用对本地区的投资才日益高涨。本区的储层通常较薄(5 m),而且是固化的,没有显著的砂子产出问题,因此很适于应用各种水平井进行开采。水平井技术在此发展到新的阶段,可以成功钻探单井甚至多腿或多分支生产井。例如,从一个井孔可以钻探 7 个分支,而且总长度可达 15 km。采收率可达 7% 到 10%。

参 考 文 献

[1] 拜文华,杜庆丰,肖渊甫,等.油气自电法在东胜地区隐蔽油砂矿勘探中的应用[J].地质调查与研究,2008,31(2):154-160.

[2] 拜文化,刘人和,李凤春,等.中国斜坡逸散型油砂成矿模式及有利区预测[J].地质调查与研究,2009,3(33):228-235.

[3] 陈民锋,郎兆新,莫小国.超稠油油藏蒸汽吞吐参数优选及合理开发界限的确定[J].石油大学学报,2002,26(1):39-42.

[4] 陈铁铮.超稠油油藏双水平 SAGD 优化设计[J].辽宁石油化工大学学报,2007,27(2):20-23.

[5] 程红杰,胡祥云,张荣,等.近地球物理发展状况综述[J].工程地球物理学报,2005,2(1):73-76.

[6] 程日辉,王国栋,王璞珺,等.松辽盆地松科 1 井白垩系姚家组沉积序列精细描述:岩石地层、沉积相与旋回地层[J].地学前缘,2009,16(2):272-287.

[7] 程绍志,胡常忠,刘新福.稠油出砂冷采技术[M].北京:石油工业出版社,1998.

[8] 迟元林,蒙启安,杨玉峰.松辽盆地岩性油藏形成背景与成藏条件分析[J].大庆石油地质与开发,2004,23(5):10-15.

[9] 大庆油田石油地质志编写组.中国石油地质志(卷二)——大庆、吉林油田(上册)——大庆油田[M].石油工业出版社,1993.

[10] 邓虎成,周文,丘东洲,等.川西北天井山构造泥盆系油砂成矿条件与资源评价[J].吉林大学学报(地球科学版),2008,38(1):69-75.

[11] 滇黔桂石油地质志编写组.中国石油地质志(卷十一)——滇黔桂油气区.北京:石油工业出版社,1992:25-190.

[12] 法贵方,康永尚,商岳男,等.全球油砂资源富集特征和成矿模式[J].世界地质,2012,31(1):120-126.

[13] 法贵方,康永尚,王红岩,等.东委内瑞拉盆地油砂成矿条件和成矿模式研究[J].特种油气藏,2010,17(6):42-45.

[14] 方朝合,李剑,刘人和,等.准噶尔盆地红山嘴油砂特征及成藏模式探讨[J].西南石油大学学报(自然科学版),2008,30(6):11-13.

[15] 方朝合,刘人和,王红岩,等.新疆风城地区油砂地质特征及成因浅析[J].天然气工业,2008,28(11):127-150.

［16］冯志强,张顺,付秀丽.松辽盆地姚家组—嫩江组沉积演化与成藏响应[J].地学前缘,2012,19(1):78-88.

［17］冯子辉,廖广志,方伟,等.松辽盆地北部西斜坡区稠油成因与油源关系[J].石油勘探与开发,2003,30(4):25-28.

［18］付广,付晓飞,薛永超.盆地发育不同阶段天然气封盖条件的差异性——以松辽盆地北部为例[J].海洋石油,2001,(4):42-47.

［19］付广,孟庆芬.西斜坡区萨二、三油层天然气输导能力综合评价及有利成藏区预测[J].石油天然气学报(江汉石油学院学报),2006,28(2):23-27.

［20］付广,孙永河,吕延防,等.西斜坡区萨二、三油层砂体输导层输导天然气效率评价[J].沉积学报,2006,24(5):763-768.

［21］付广.西斜坡区萨二、三油层油气运移优势路径及对成藏的作用[J].油气地质与采收率,2005,29(6):01-03.

［22］付广,于丹,孟庆芬.西斜坡区萨二、三油层油气运移特征及对成藏的作用[J].油气地质与采收率,2005,12(4):39-42.

［23］付晓飞,王朋岩,吕延防,等.松辽盆地西部斜坡构造特征及对油气成藏的控制[J].地质科学,2007,42(2):209-222.

［24］付晓飞,王朋岩,申家年,等.简单斜坡油气富集规律——以松辽盆地西部斜坡北段为例[J].地质评论.2006,52(4):522-531.

［25］高有峰,王璞珺,程日辉,等.松科1井南孔白垩系青山口组一段沉积序列精细描述:岩石地层、沉积相与旋回地层[J].地学前缘,2009,16(2):314-323.

［26］关德师.松辽盆地下白垩统层序地层及沉积体系研究[D].中国科学院广州地球化学研究所,2005.

［27］郭军,单玄龙,万传彪,等.松辽盆地白垩系砂岩储集层特征[J].世界地质,2002,21(3):242-246.

［28］郭巍,于文祥,刘招君,等.松辽盆地南部埋藏史[J].吉林大学学报(地球科学版),2009,39(3):353-360.

［29］国土资源部油气资源战略中心.全国油砂资源评价.中国大地出版社,2009.

［30］何海全,王忠辉,李超.套保稠油油藏特征及控制因素[J].大庆石油地质与开发,2000,19(8):8-10.

［31］胡春明.西斜坡区萨二、三油层油气保存条件[J].大庆石油学院学报,2007,31(1):5-7.

［32］胡见义,牛嘉玉.中国重油、沥青资源的形成与分布[J].石油与天然气地质,1994,15(2):15-18.

［33］ 胡守志,张冬梅,唐静,顾军.稠油成因研究综述[J].地质科学情报,2009,28
(2):94-97.

［34］ 胡元现,M.Chan,S.Bharatha.西加拿大盆地油砂储层中的泥夹层特征[J].
地球科学,2004,29(5):550-554.

［35］ 黄书俊,姚锦琪,李水明,等.地球化学异常特征及推断解释[J].矿产与地
质,2000,14(增刊):542-545.

［36］ 贾承造.油砂资源状况与储量评估方法[M].北京:石油工业出版社,2006.

［37］ 贾承造,赵文智,邹才能,等.岩性地层油气藏勘探研究的两项核心技术[J].
石油勘探与开发,2004,31(3):3-9

［38］ 贾承造,赵文智,邹才能,等.岩性地层油气藏地质理论与勘探技术[J].石油
勘探与开发,2007,34(3):257-272.

［39］ 江涛,苗洪波,王芳,等.松辽盆地西部盆缘带地层超覆油藏形成条件[J].大
庆石油地质与开发,2006,25(4):24-26.

［40］ 吉林油田石油地质志编写组.中国石油地质志(卷二)——大庆、吉林油田
(下册)——吉林油田[M].石油工业出版社,1993.

［41］ 金文辉,周文,张银德,等.准噶尔盆地西北缘白碱滩油砂成矿因素分析[J].
特种油气藏,2009,16(6):19-21.

［42］ 旷红伟,高振中,彭德堂,等.库车坳陷新生界低弯度三角洲沉积[J].石油勘
探与开发,2002,29(6):25-28.

［43］ 李牧,杨红,唐纪云,等.化学吞吐开采稠油技术研究[J].油田化学,1997,14
(12):1.

［44］ 李鹏华.稠油开采技术现状及展望[J].油气田地面工程,2009,28(2):9-10.

［45］ 刘桂珍,鲍志东,王英民.松辽盆地西斜坡古沟谷——坡折带特征及其对储层
分布的控制[J].中国石油大学学报(自然科学版),2008,32(6):12-16.

［46］ 刘兴兵,黄文辉.内蒙古图牧吉地区油砂发育主要地质影响因素[J].资源与
产业,2008,10(6):83-86.

［47］ 刘洛夫,赵建章,张水昌,等.塔里木盆地志留系沉积构造及沥青砂岩的特征
[J].石油学报,2001,22(6):11-17.

［48］ 刘洛夫,赵建章,张水昌,等.塔里木盆地志留系沥青砂岩的形成期次及演化
[J].沉积学报,2000,18(3):475-479.

［49］ 刘人和,王红岩,方朝合,等.准噶尔盆地西北缘红山嘴油砂特征[J].天然气
工业,2008,28(12):114-116.

［50］ 刘文章.普通稠油油藏二次热采开发模式综述[J].特种油气藏,1998,5

(2):1-7.

［51］刘立平,任战利.吉林油田套保油区稠油出砂冷采技术研究与应用[D].西北大学博士学位论文,2008.

［52］刘玉萍,雷琳.松辽盆地西斜坡区萨二、三油层油气成藏规律[J].特种油气藏,2009,16(5):36-39.

［53］李春梅,李雪,等.山东东营凹陷八面河油田稠油成因分析[J].现代地质,2005,19(2):279-286.

［54］李素梅,庞雄奇,高先志,等.辽河西部凹陷稠油成因机制[J].中国科学 D 辑:地球科学,2008,38(增刊 1):138-149.

［55］李宏义,姜振学,庞雄奇,等.柴北缘油气运移优势通道特征及其控油气作用[J].地球科学—中国地质大学学报,2006,31(2):214-220.

［56］李志安,张博闻,丁文龙,等.松辽盆地地热和热应力特征及其在油气运移中的作用[J].勘探家,1997,2(1):12-15.

［57］凌建军,王远明,王书林,等.水平压裂辅助蒸汽驱开采稠油油藏的研究[J].河南石油,1996,10(3):30-34.

［58］梁春秀,刘宝柱,孙万军.松辽盆地南部的西部斜坡重油特征与油源探讨[J].石油勘探与开发,2002,29(2):45-48.

［59］龙首敏,庄建远,王国丽.油砂沥青或超(特)稠油露天开采与井下开采[J].油气田地面工程,2008,27(10):51-52.

［60］孟庆芬.西斜坡区萨尔图油层油气成藏机制及模式研究[D].大庆石油学院硕士学位论文,2005.

［61］孟庆芬.乌尔逊凹陷南部层序地层格架及岩性油气藏成藏规律研究[D].中国地质大学(北京)博士学位论文,2011.

［62］苗洪波,孙岩,宋雷,等.松辽盆地南部套保地区稠油成因[J].石油地质,2009,(4):26-28.

［63］孟巍,贾东,谢锦男,等.超稠油油藏中直井与水平井组合 SAGD 技术优化地质设计[J].大庆石油学院学报,2006,30(2):44-47.

［64］单玄龙,刘万洙,谢刚平,等.中国南方沥青(油)砂地质特征与成藏规律[M].北京:科技出版社,2008.

［65］牛嘉玉,洪峰.我国非常规油气资源的勘探远景[J].石油勘探与开发,2002,29(5):5-7.

［66］牛嘉玉,刘尚奇,等.稠油资源地质与开发利用[M].北京:科学出版社,2002.

［67］牛军平,关淑艳,吴冬铭,等.应用化探方法在松辽盆地西部斜坡地带确定油砂[J].吉林地质,2009,28(1):64-68.

［68］契林盖里.G.V,尹德福.T.F(美),俞经方译.沥青、地沥青和沥青砂——石油科学进展.石油工业出版社,1988.

［69］单玄龙,罗洪浩,孙晓猛,等.四川盆地厚坝侏罗系大型油砂矿藏的成藏主控因素[J].吉林大学学报(地球科学版),2010,40(4):897-904.

［70］孙建国,付广,刘江涛.西斜坡区萨二、三油层油气运移路径及其主控因素[J].大庆石油地质与开发,2006,25(5):27-30.

［71］索孝东,石东阳.油气地球化学勘探技术发展现状与方向[J].天然气地球科学,2008,19(2):286-292.

［72］孙桂华,邱燕,彭学超,等.加拿大油砂资源油气地质特征及投资前景分析[J].国外油田工程,2006,25(3):1-3.

［73］瓦尔特,吕尔著.焦油(超稠油)砂和油页岩[M].北京:地质出版社,1989.

［74］王永诗,常国贞,彭传圣,等.从成藏演化论稠油形成机理.特种油气藏,2004.

［75］王国栋,王璞珺,程日辉,等.松辽盆地松科1井上白垩统嫩江组一、二段沉积序列厘米级精细刻画:岩性·岩相·旋回[J].地学前缘,2011,18(6):1-23.

［76］王建功,卫平生,史永苏,等.松辽盆地南部西部斜坡区大规模岩性油气藏和地层超覆油气藏成藏条件[J].中国石油勘探,2003,8(3):27-30.

［77］王建功,吴克平,卫平生,等.松辽盆地南部西区断裂体系与油气分布[J].新疆石油地质,2005,26(1):29-32.

［78］王建功,卫平生,赵占银,等.松南西部勘探领域及前景[J].战略勘探,2005,(3):8-15.

［79］王建功,卫平生,郑茂俊,等.挠曲坡折带特征与油气勘探——以松辽盆地南部为例[J].石油学报.2005,26(2):26-29.

［80］王建功.松辽盆地坡折带研究及岩性油气藏预测[D].中国地质大学(北京)博士学位论文,2006.

［81］王璞珺,高有峰,程日辉,等.松科1井南孔白垩系青山口组二、三段沉积序列精细描述:岩石地层、沉积相与旋回地层[J].地学前缘,2009,16(2):288-313.

［82］王文广,高宁.西斜坡区萨二、三油层油气成藏机制[J].大庆石油学院学报,2006,30(1):1-3

[83] 王颖,王英民,赵志魁,等.松辽盆地南部泉头组四段——姚家组西部坡折带的成因及演化[J].石油勘探与开发,2005,32(3):33-36.

[84] 王先彬,郭占谦,妥进才,等.非生物成因天然气形成机制与资源前景[J].中国基础科学,2006,4:12-20.

[85] 王先彬,郭占谦,妥进才,等.中国松辽盆地商业天然气的非生物成因烷烃气体[J].中国科学D辑:地球科学,2009,39(5):602-614.

[86] 王祝彬,肖渊甫,孙燕,等.准噶尔风城油砂矿床成矿模式及主控因素分析[J].金属矿山,2010,(4):114-117.

[87] 瓦尔特·吕尔.焦油(超重油)砂和油页岩[M].周明鉴,牟明欣.北京:地质出版社,1986.

[88] 卫平生.论坳陷盆地"坡折带"及"湖岸线"对岩性地层油气藏的控制作用——以松辽盆地南部西部斜坡为例[D].中国科学研究院博士学位论文,2005.

[89] 卫平生,潘树新,王建功,等.湖岸线和岩性地层油气藏的关系研究——论"坳陷盆地湖岸线控油"[J].岩性油气藏,2007,19(1):27-31.

[90] 卫平生,王建功,潘树新,等.河口坝、沿岸坝的形成及成藏机制——以松辽盆地西、南部沉积体系为例[J].新疆石油地质,2004,25(6):592-595.

[91] 吴河勇,梁晓东,向才富,等.松辽盆地向斜油藏特征及成藏机理探讨[J].中国科学D辑:地球科学,2007,37(2):185-191.

[92] 夏响华.油气地表地球化学勘探技术的地位与作用前瞻[J].石油试验地质.2005,27(5):529-533.

[93] 向才富,冯志强,庞雄奇,等.松辽盆地晚期热历史及其构造意义:磷灰石裂变径迹(AFT)证据[J].中国科学D辑:地球科学,2007,37(8):1024-1031.

[94] 向才富,冯志强,吴河勇,等.松辽盆地西部斜坡带油气运聚的动力因素探讨[J].沉积学报,2005,23(4):719-725.

[95] 向才富,陆友明,李军虹.松辽盆地西部斜坡带稠油特征及其成因探讨[J].地质学报,2007,81(2):255-259.

[96] 熊波,李贤庆,李艺斌,等.青藏地区油气地表地球化学勘探指标优选与应用[J].石油天然气学报(江汉石油学院学报),2011,33(1):31-36.

[97] 徐启.源外斜坡区油气成藏要素空间匹配关系及对成藏的作用[J].大庆石油地质与开发,2010,29(6):1-5

[98] 杨鑫军.稠油开采技术[J].海洋石油,2003,23(2):55-60.

[99] 于连东.世界稠油资源的分布及其开采技术的现状与展望[J].特种油气藏,

2001,8(2):98-103.

[100] 杨玉峰.松辽盆地岩性油藏形成条件与分布规律[J].石油与天然气地质,
      2004,25(4):393-399.

[101] 张方礼,张丽萍,鲍君刚,张晖.蒸汽辅助重力泄油技术在超稠油开发中的应
      用[J].特种油气藏,2007,14(2):70-72.

[102] 张建华.加拿大石油资源现状与未来发展分析[J].当代石油化工,2009,17
      (3):13-18.

[103] 张小波.辽河油区稠油采油工艺技术发展方向[J].特种油气藏,2005,12
      (5):9-13.

[104] 张晨晨,付秀丽,张顺.松辽盆地姚家组一段沉积充填与成藏响应[J].石油
      地质,2011,35(1):35-40.

[105] 臧焕荣,拜文华,赵卫东,等.应用激电法勘查隐蔽型油砂矿——以二连盆地
      包楞油砂矿为例[J].地质调查与岩浆,2013,36(2):151-158.

[106] 张明玉,何爱东,单守会,等.准噶尔盆地西北缘油砂资源潜力及开采方式探
      讨[J].新疆石油地质,2009,30(4):543-545.

[107] 张银国,陈建文,厉玉乐.松辽盆地北部泰康—西超地区萨尔图油层组沉积
      相特征分析及目标预测[J].海洋地质动态,2010,26(8):15-22.

[108] 张银国,陈建文,厉玉乐.松辽盆地北部泰康地区萨尔图油层二、三段砂组沉
      积微相特征[J].大庆石油学院学报,2006,30(3):14-16.

[109] 张银国,厉玉乐.松辽盆地北部泰康—西超地区萨尔图油层岩性油气藏预测
      [J].现代地质,2010,24(4):694-702.

[110] 邹才能,李明,赵文智,等.松辽盆地南部构造—岩性油气藏识别技术及应用
      [J].石油学报,2004,25(3):32-36.

[111] 邹才能,陶士振,谷志东.陆相坳陷盆地层序地层格架下岩性地层圈闭/油藏
      类型与分布规律——以松辽盆地白垩系泉头组—嫩江组为例[J].地质科
      学,2006,41(4):711-719.

[112] 邹才能,薛叔浩,赵文智,等.松辽盆地南部白垩系泉头组—嫩江组沉积层序
      特征与地层—岩性油气藏形成条件[J].石油勘探与开发,2004,31(2):
      14-17.

[113] 郑德温,方朝合,李剑,葛稚新,王义凤.油砂开采技术和方法综述[J].西南
      石油大学学报,2008,30(6):105-108.

[114] 周明升.组合式蒸汽吞吐技术在超稠油油藏中的应用[J].西部探矿工程,
      2006,12:107-108.

[115] 朱作京,李发荣.加拿大油砂开采技术初探[J].国外油田工程,2007,23(1)：
21-23.

[116] 赵健.松辽盆地西斜坡泥岩地层压实规律[J].石油与天然气地质,2010,31
(4):487-492.

[117] 周庆华.松辽盆地西部斜坡区油气运移机制及其对成藏作用研究[D].大庆
石油学院,2005.

[118] 周庆华,吕延防,付广,等.松辽盆地北部西斜坡油气成藏模式和主控因素
[J].天然气地球科学,2006,17(6):765-774.

[119] 周庆华,吕延防,汪松,等.松辽盆地敖古拉断裂带的封闭性及其对西斜坡油
气运聚的控制作用研究[J].天然气地球科学,2008,19(2):211-215.

[120] 张维琴,杨玉峰.松辽盆地西部斜坡油气来源与运移研究[J].大庆石油地质
与开发,2005,24(1):17-22.

[121] 张研,杨辉,文百红,等.松辽西斜坡超覆带油藏重力异常特征[J].石油地球
物理勘探,2005,40(5):591-593.

[122] 赵群,王红岩,刘人和,等.挤压型盆地油砂富集条件及成矿模式[J].天然气
工业,2008,28(4):121-126.

[123] 赵玉婷,黄党委,单玄龙,等.松辽盆地南部伏龙泉断陷烃源岩地化特征[J].
科技创新与节能减排,2008:576-579.

[124] 赵志魁.坳陷盆地缓坡带坡折带与非构造圈闭形成研究——松辽盆地西部
斜坡区隐蔽性油藏成藏条件研究[D].中国地质大学(北京)博士学位论
文,2007.

[125] 赵志魁,王英民,张大伟,等.松辽盆地南部西部斜坡区坡折带作用分析[J].
石油地球物理勘探,2006,41(5):546-549.

[126] 郑秀芬,李金铭.油气电法勘探综述[J].地球物理学进展,1997,12
(2):89-96.

[127] 中石油经济技术研究院.世界非常规油气资源及分布[M].北京:石油工业
出版社,2007:31-331

[128] 钟立平,牛军平,张洪普,等.瞬变电磁法在寻找油砂矿中的应用[J].吉林大
学学报(地球科学版),2008,38(9):15-19.

[129] Audemard F E, Serrano I C. Future petroliferous provinces of Venezuela
[A]. In: Downey MW, Threet JC, Morgan WA, eds. Petroleum Prov-
inces of the Twenty-first century, AAPGMemoir 74 [C]. Tulsa, OK:
AAPG. 2001, 353-372.

[130] Anfort S J, Stefan Bachu, L. R. Bentley. Regional-scale hydrogeology of the Upper Devonian-Lower Cretaceous sedimentary succession, south-central Alberta basin[J], Canada. AAPG BULLETIN, 2001, 85(4): 637-660.

[131] Ardine D. Fuel of the Future: Creatceous Oil Sands of Westren Canada. Canadian Society of Petroleum Geologists[M], 1974, Memoir 3: 50-67.

[132] Alayeto M, Louder W L. The geology and explorationpotential of the heavy oil sands of Venezuela (the Orinocopetroleum belt)[J]. Canadian Society of PetroleumGeologists Memoir, 1974, 3: 1-18.

[133] Bryan D J, Moon A K. In situ viscosity of oil sands using low field NMR [J]. University of calgary and Tomographic imaging and Porous Media laboratory, September 2005, Volume 44, No. 9.

[134] Bryan, K J, Mirotchnik A K. Viscosity determination of heavy oil and Bitumen using NMR relaxometry[J]. University of calgary;Tomographic Imaging and Porous Media LaboratoryNMR plus inc, July 2003, Volume 42, No. 7.

[135] Central Volga-Uralsprovince (Volga-Urals Basin), Russia, Kazakhstan [DB]. IHS Energy, January 2009.

[136] Cavallaro A N, Galliano G R . Moore, S. A. Mehta, M. G. Ursenbach, E. Zalewski, P. Pereira. In situ upgrading of liancanelo heavy oil using in situ combustion and a downhole catalyst bed[J]. Repsol YPF ;University of calgary, September 2008, Volume 47, No. 9.

[137] Chow D. L, Nasr. T. N, Chow. R. S, et al. Recovery Techniques for Canada's Heavy Oil and Bitumen Resources[J]. Canadian Petroleum Techn ology, 2008, 47(5): 12-17.

[138] Elise B B, Mark A P, Benjamin J R, et al. Modeling Secondary oil migration with core-scale data: Viking Formation, Alberta basin[J]. AAPG Bulletin, 2002, 86(1): 55-74.

[139] Flach P D. Oil sands geology-Athabasca deposit north. Bulletin[M]. Alberta Research Council. 1984.

[140] Frances J H. Heavy Oil and Oil(Tar) Sands in North America: An Overview & Summary of Contributions[J]. Natural Resources Research. 2006, 15(2): 67-84.

[141] Frances J H, Darrell K. Cotterill. The Athabasca Oil Sands—A Regional

Geological Perspective, Fort McMurray Area, Alberta, Canada[J]. Natural Resources Research. 2006, 15(2): 85-102.

[142] Fowler M G, Stasiuk L D. Devonian hydrocarbon sourcerocks and their derived oils in the western Canada sedimentarybasin [J]. Bulletin of Canadian Petroleum Geology, 2001, 49 (1) : 117-148.

[143] Goodarzi N N, Kantzas A. Observations of heavy oil primary production mechanisms from long core depletion experiments[J]. Unversity of calgary, April 2008, Volume 47, No. 4.

[144] Groeger A, Bruhn R, Structure and Geomorphology of the Duchesne Graben, Uinta Basin, and its Enhancement of a Hydrocarbon Reservoir. AAPG BULLETIN. 2001, 85(9): 1661-1678.

[145] Garven G A. Hydrogeologic model for the formation of the giant oil sands deposits of the Western Canada sedimentary basin: American Journal of Science, 1989, 299: 105-166.

[146] Huang H P, Bennett T B, Oldenburg J, Adams S R. Larter. Geological controls on the origin of heavy oil and oil sands and their impacts on in situ recovery[J]. China university of Geosciences and University of Calgary, April 2008, Volume 47, No. 4.

[147] Heins W F. Operational data from the World's First SAGD Facilities Using Evaporators to Treat Produced Water for Boiler Feedwater[J]. Journal of Canadian Petroleum Technology, 2008, 47(9): 32-39.

[148] Henry L, Dinu P, Reg O, et al. Detection of subtle basement faults with gravity and magnetic data in the Alberta Basin[J]. Canada: A data-use tutorial. The Leading Edge, 2004, 23: 1282-1288.

[149] Huang H P, Bennett B, Larter S R. Geological controls on the origin of heavy oil and oil sands and their impacts on in situ recovery[J]. Journal of Canadian Petroleum Technology. 2008, 47(4): 37-45.

[150] James L A, Rezaei N, Chatzis I. VAPEX, Warm VAPEX and Hybrid VAPEX-The state of enhanced oil recovery for In Situ heavy oils in Canada [J]. Journal of Canadian Petroleum Technology, 2008, 47(4): 12-18.

[151] Khudoley A K, Rainbird R H, Stern R A, et al. Sedimentary evolution of the Riphean-Vendian basin of southeastern Siberia[J]. Precambrian Research, 2001, 111(1/4) : 129-163.

[152] Kopper R, Kupecz J, Curtis C, et al. Reservoir Characterization of the Orinoco Heavy Oil Belt: Miocene Oficina Formation, Zuata Field, Eastern Venezuela Basin[J]. Society of Petroleum Engineers. 2001: 12-14.

[153] Kramers J W, Mossop G D. Geology and Development of the Athabasca Oil Sands Deposit[J]. Canadian Mining and Metallurgical Bulletin, 1987, 69(776): 92-99.

[154] Larter J S, Adams I D, Gates B B, Huang H. The origin, prediction and impact of oil viscosity heterogeneity on the production characteristics of tar sand and heavy oil reservoirs[J]. Petroleum reservoir group, Geology and Geophysics, Chemical and Petroleum Engineering; University of Calgary, January 2008, Volume 47, No. 1.

[155] Liu G X, Zhao A. Fractal wormhole model for cold heavy oil production [J]. University of Regina, September 2005, Volume 44, No. 9.

[156] Larter S R, Wilhelms A, Head I, et al. The controls on the composition of biodegraded oils in the deep subsurface-Part 1: biodegradation rates in petroleum reservoirs[J]. Organic Geochemistry, 2003, 34(4) : 601-613.

[157] Lugo J, Mann P. Jurassic-Eocene tectonic evolution of MaracaiboBasin, Venezuelan [A]. In: Tankard A J, Suarez Soruco R, Welsink H J, eds. Petroleum Basin s of South America, AAPG Memoir 62 [C]. Tulsa, OK: AAPG. 1995, 699-726.

[158] P. Luo C, Yang A K. Tharanivasan, Y. Gu. In situ upgrading of heavy oil in a Solvent-Based heavy oil recovery process[J]. Petroleum technology research centre, university of regina, September 2007, Volume 46, No. 9.

[159] Maracaibo Basin, Venezuela, Colombia [DB]. IHS Energy, August 2009.

[160] Niu J Y, Hu J Y. Formation and distribution of heavy oil and tar sands in China. Marine and Petroleum Geology, 1999, 16(1): 85-95.

[161] Meyerhoff A A. Geology of heavy crude oil and natural bitumen in the USSR, Mongolia, and China: Exploration for heavy crude oil and natural bitumen[J], AAPG Studies in Geology♯25, ed. By R. F. Meyer, 1987, 31-102.

[162] Miller K A, Carlson J E, Morgan J R, Thornton R W. Preliminary results from a solvent gas injection field test in a depleted heavy oil reservoir [J].

Consultant;Petrovera Resources, Febeuary 2003, Volume 42, No. 2.

[163] Murugesan S. Supercritical Fluid Extraction of Oil Sand[J]. Bitumens from The Uinta Basin, Utah. December 1996.

[164] Middle Magdalena Basin, Colombia [DB]. IHS Energy, August 2009.

[165] Outtrim C P, Evans R G. Alberta's oil sands reservoirs and their evaluation[J]. Canadian Institue of Mining and Metallurgy Special Volume 1978, 17: 36-66.

[166] Parnaud F, Gou Y, Pascual J C, et al. Pet roleum geology of thecentral part of the Eastern Venezuelan Basin[A]. In: Tankard A J, Suarez Soruco R, Welsink H J, eds. Petroleum Basin s of South America, AAPG Memoir 62 [C]. Tulsa, OK: AAPG. 1995, 741-756.

[167] Peterson J A, Clarke J W. Petroleum geology and resourcesof Volga-Ural Province[J]. U S GeologicalSurvey, 1983, 885: 27.

[168] Qiang Tu, Claudia J, Schroder-Adams, et al. A New Lithostratigraphic Framework for the Cretaceous Colorado Group in the Cold Lake Heavy Oil Area, East-Central Alberta, Canada[J]. Natural Resources Research. 2007, 16(1): 17-30.

[169] Rivero J A, Mamora D D. Production acceleration and injectivity enhancement using steam-propane injection for hanaca extra-heavy oil[J]. Texas A & M university, Feburary 2005, Volume 44, No. 2.

[170] Rose P E, Bukka K, Deo M D. Characterization of Uinta Basin Oil Sand Bitumen [J]. 1992 Eastern Oil Shale Symposium, DOC/MC/26268-93/C0177.

[171] Richard F. Meyer, Emil D. Attanasi, Philip A. Freeman. Heavy Oil and Natural Bitumen Resources in Geological Basins of the World[J]. U. S. Geological Survey, 2007—1084.

[172] Rinat G G, Renat K M, Rustam Z M, et al. Heavy Oil of Tarastan: Geology, Structure of Reserves, Strategy for the Development[DB]. IHS Energy. 1998, 174: 1-7.

[173] Rose P E, Bukka K, Deo M D, et al. Characterizationof Uinta Basin oil sand bitumens [M]. Lexington: Eastern Oil Shale Symposium, 1992: 1-80.

[174] Shan X L, Liu W Z, Liang Y H. Forming Factors and Evolution of Devo-

nian Bioherm Paleo-Oil-Reservoir in Dachang Anticline, Guizhong Depression. Journal of China University of Grosciences. 2007, 18: 518-521.

[175] Steve L, Arnd W, Ian H et al. The controls on the composition of biodegraded oils in the deep subsurface—part 1: biodegradation rates in petroleum reservoirs[J]. Organic Geochemistry. 2003. 34: 601-613.

[176] Ulmishek F. Petroleum geology and resources of the BaykitHigh Province, East Siberia, Russia[R]. US Departmentof the Interior. US Geological Survey, 2001.

[177] Vanegas J W, Prada L B. Predition of SAGD performance using response surface correlations developed by experimental design techniques. Journal of Canadian Petroleum Technology, 2008, 47(4): 58-64.

[178] Venturini G J, Mamora D D. Simulation studies of Steam-Propane injection for the hamaca heavy oil field[J]. Texas A&M University, September 2004, Volume 43, No. 9.

[179] Wan G R, Wang J. Analysis of sand production in Unconsolidated oil sand using a coupled Erosional-Stress-Deformation model[J]. University of Calgary, February 2004, Volume 43, No. 2.

[180] Wassmuth F R, Green K, Arnold N W. Cameron. Polymer flood application to improve heavy oil recovery at East bodo[J]. Alberta research council; Pengrowth corporation, February 2009, Volume 48, No. 2.

[181] Talbi K, Maini B B. Experimental investigation of CO_2-Based VAPEX for recovery of heavy oils and bitumen[J]. University of Calgary, April 2008, Volume 47, No. 4.